建筑工程
项目管理完全手册

——如何从业主的角度进行项目管理

牛春雷 编著

机械工业出版社
CHINA MACHINE PRESS

本书作为"建筑工程项目管理三步曲"之一，立足于工程建设实际，结合作者对大型工程建设项目管理的经验，既提纲挈领又条分缕析地阐释了业主进行建筑工程项目管理的整个流程和基本工作方法，同时将项目管理的方法论与工程技术的具体实践相结合，并根据当前的现实，将工程设计作为业主管理的重点进行了深入的讲解，内容丰富，实用性强。全书共分七章，具体内容包括：概述、项目管理模式、建设程序、设计需求的专业化表达、设计合同、设计文件的质量管理、施工阶段的程序化管理。

本书用通俗而简练的语言并辅以思维导读和逻辑关系图，详细阐述了管理中的各种概念，以及概念之间的逻辑关系，以便于业主管理人员理解和掌握，同时也可以帮助监理、设计、施工人员，以及有志于从事工程项目管理的学生和业外人士拓展技术和管理知识，提高管理能力。

图书在版编目（CIP）数据

建筑工程项目管理完全手册：如何从业主的角度进行项目管理/牛春雷编著. —北京：机械工业出版社，2022.10（2024.1 重印）
ISBN 978-7-111-71477-4

Ⅰ.①建… Ⅱ.①牛… Ⅲ.①建筑工程－工程项目管理－手册 Ⅳ.①TU712.1-62

中国版本图书馆 CIP 数据核字（2022）第 154747 号

机械工业出版社（北京市百万庄大街22号　邮政编码100037）
策划编辑：薛俊高　责任编辑：薛俊高　关正美
责任校对：刘时光　封面设计：张　静
责任印制：李　昂
北京联兴盛业印刷股份有限公司印刷
2024 年 1 月第 1 版第 2 次印刷
148mm×210mm · 9.5 印张 · 2 插页 · 269 千字
标准书号：ISBN 978-7-111-71477-4
定价：59.00 元

电话服务　　　　　　　　　网络服务
客服电话：010-88361066　机　工　官　网：www.cmpbook.com
　　　　　010-88379833　机　工　官　博：weibo.com/cmp1952
　　　　　010-68326294　金　书　网：www.golden-book.com
封底无防伪标均为盗版　机工教育服务网：www.cmpedu.com

前　言

　　本书是一部从业主管理的角度来阐述的建筑工程项目管理书籍。就作者多年来的业主管理经验来说，做好业主管理，要从以下三个方面入手：一是要了解工程项目管理的整个过程，从项目的立项、设计、施工到验收过程中所包含的主要工作事项都要了然于胸，才能明白在什么时候该干什么事；二是要将项目管理的方法论与工程项目的具体技术实践相结合，或者说对工程技术本身有相当之了解。当然并不是说要对建筑、结构、机电、弱电各专业都要有全面而深入的了解，达到专业工程师的程度，而是要了解各专业的主要概念和技术环节，并掌握这些概念和环节间的逻辑关系，才能在合适的时间做出正确的判断，仅仅掌握项目管理的方法论是远远不够的；三是必须抓住工程设计这个关键环节，在这个阶段，项目的功能、造价、适用性及工期等都将具体落实到蓝图上。这个阶段，也是业主能够对项目实施最主动、最有效管理的阶段。一旦签订施工合同，进入施工阶段，则更多是程序性的管理，国家对施工阶段的管理也有较为完备的规范和规定。在这一阶段，业主对工程设计所做的任何修改，都往往要付出相应的费用，甚至工期的代价。所以，把工程设计做好、做踏实，才能让工程的施工进展顺利。

　　本书的内容也是基于上述的认识来编写的，将项目管理的方法论与工程项目的具体技术实践相结合，力图使读者既能够宏观地了解和把控项目管理的过程，又能够抓住设计管理这个重点，实现有效的过程管理。因而在内容的编排上，首先对工程项目管理的范围进行了概述（第1章），以期使读者对建筑工程项目管理的整个过程有一个概括性了解，同时对项目管理模式的选择（第2章）、建设程序（第3章），以及施工阶段的管理（第7章）这些对工程管理非常重要的内容进行了简要的讨论，主要围绕工程设计的管理而展开，这也是目前市场上同类图书较少讨论的内容。

工程设计的管理主要分为三个部分来讨论。第一部分是功能需求的专业化表达（第4章），讨论了如何将业主的需求，切实转换为满足设计要求的专业意见，力图在业主和建筑师之间搭起一座沟通的桥梁；第二部分是设计合同（第5章），本章将设计合同作为项目管理的一个纲领性文件进行了详细讨论，就合同中所涉及的人员、范围、质量、进度、造价、信息、风险等内容的管理，结合工程技术实践，进行了说明；第三部分是设计文件的质量管理（第6章），本章就建筑工程各专业的主要概念进行了简练的说明，着重说明各概念和技术环节之间的逻辑关系，使读者对建筑楼宇有一个全面而深入的了解，同时就各专业的设计质量管理要点进行了论述，目的是使读者能够从纷繁的技术细节中抓住设计文件质量管理的重点环节，以有限的力量实施最有效的管理。第6章是本书最核心的章节，内容丰富全面，是将工程项目管理的方法论与建筑工程具体技术实践相结合的有益尝试。

本书力求用简练、通俗的语言来解释概念，说明概念之间的逻辑关系，使读者易于理解和掌握，并在实践中加以运用。

由于作者水平有限，书中涉及的专业知识浩繁，难免有错误和不当之处，敬请广大读者及业内专家给予批评指正。

牛春雷

2022 年 5 月于北京

目 录

第1章

概　述

1.1　工程项目管理的历史与传统

　　建筑历来是人类最基本的活动之一，它不仅满足了我们最基本的生存需求，而且成为我们社会文化生活中最重要的构成元素之一。看看古往今来，古人为我们留下的许多伟大建筑，至今依然让人神往，而那些设计和建造这些建筑的艺术家们也和建筑一样的不朽，甚至他们的名字比建筑本身传承得还要长久。在缅怀、赞叹之余，你不禁要思考，这些凝聚了无数人类智慧和艰辛努力的建筑是如何设计，又是如何建造的？

　　建筑从来都不是一项廉价而简单的活动，中国有句俗语：土木之工不可擅动。动工之前，有诸多事项都得落实，选址、设计、资金、人力、物力等，即使是一个平民百姓之家，要建造一处舒适宜居之所，也不是一件容易的事，何况那些规模宏大、构思精巧的伟大建筑，都是无数人共同协作的结果，是无数智慧凝聚成的丰碑。

　　当我们来回顾这些建筑的建造过程，就会发现一个悠久的传统，建筑师不仅仅是设计者，而且是建造过程的组织者，业主把建造任务委托给建筑师，建筑师负责建筑物的设计、施工人员的选择、建造过程中材料和细节的确定，进度和造价的控制等，业主给予建筑师充分的信任。这样的传统保证了建筑师能够将他们创造性的设计完整地贯彻下去。而建筑师不仅应具有相当的设计才华和创造力，而且还应具有充分的信托责任来向业主负责。虽然业主和建筑师之间不乏分歧和

1

争执，但良好的合作关系才能保证建筑的成功。

欧洲自古都把建筑视为一种伟大的艺术，给予建筑师以很高的社会地位，建筑师接受业主的委托，设计并建造建筑，同时自己的名字也和建筑一样不朽，如米开朗基罗、拉斐尔、达芬奇等。中国古代的建筑师则是那些以手艺而自豪的工匠，包括木匠、泥瓦匠、画匠、石匠等，受雇请设计并建造房屋，虽没有很高的社会地位，却同样创造了故宫、天坛、大雁塔等灿烂辉煌的建筑。

但随着时代的发展，这样的传统正在逐渐消亡，一方面是由于现代的建筑越来越复杂，原有的模式不能适应新的管理需求；另一方面，社会分工越来越细，专业化要求也越来越高。设计和施工已经分离，甚至设计及施工自身也细化为不同的专业和方向。对整个建造过程的管理也需要更精细化、更系统化、更专业化。不同的建筑项目管理模式也应运而生，建筑师的作用基本被限定在技术服务的范畴，如方案设计、图纸和报告的准备、设计答疑等，而项目管理的工作，如工程招标、质量、进度和造价的管理都转而由专业的项目管理单位来实施。

建筑师的工作范围虽然在发生变化，但其作为设计团队领导者的职责从未发生改变。要创造建筑精品，业主必须审慎地选择建筑师，并保持与建筑师的良好合作关系。传统的经验是，当我们开始策划一个项目时，首先想到的就是找一个建筑师，把我们的需求和想法告诉他，同时建筑师也会帮我们理清思路，并根据我们的想法提出各种方案供我们选择，在这样的过程中，建筑师的创意和我们的需求不断地结合起来，经过数次交流以后，一个建筑的方案就成形了。然后建筑师将建筑方案转化成可以施工的图纸，就可以正式付诸实施。在整个过程中，建筑师与我们紧密合作，双方充分的信任和交流是保证项目成功的前提之一。

对于一个现代的大型建筑项目，这个过程变得非常复杂，业主和建筑师都往往不再是一个简单的个人，而变成一个复杂的组织，同时更多的社会组织都参与到项目中来，如政府管理部门、市政机构、造价顾问、专业设计顾问等，项目的整个过程，按照政府的管理程序，也分成了几个阶段：项目立项阶段、可行性研究阶段、设计阶段、施工阶段、验收及试运行阶段等。项目管理者要处理的关系比以前更加复杂和多变。建筑师的作用依然重要，但却被限制在程序的框架内，需要在更多的限制条件下进行创作，无疑会更加困难。

上述讨论的目的是回顾一下传统的项目管理经验，这种建筑师参加项目管理甚至主导项目管理的传统在某些国家和某些地区仍然存在。但在我国，建筑师的作用往往被限定在技术和美学的范围内。项目管理主要是业主在主导，业主在项目的初始阶段，将决定项目的管理模式，项目管理模式将明确项目参与各方在项目管理中的地位、作用和工作范围。项目管理模式的确定要考虑诸多因素，如项目的功能、业主自身的特点、市场情况、国家规范标准等，本书第 2 章将专门讨论项目管理的几种常用模式。

1.2 工程项目管理的内容

不管采用何种项目管理模式，前提是了解我们在整个工程项目管理过程中要完成的工作内容。有了这个内容清单，对于每个阶段的工作任务，我们便会心中有数，并可提前做好准备。

按照我国的建设项目管理程序，工程项目总体分为前期策划、设计和施工三个阶段。其中，前期策划从提出项目设想开始到取得可行性研究报告的许可意见为止，设计则从设计招标开始到取得施工图设计审查意见为止，施工阶段则从施工招标开始到工程竣工验收为止。这三个阶段并不是截然分开的，一个阶段的结束和下一个阶段的开始往往会交织在一起。

表 1-1 明确列出了项目管理各阶段的主要工作事项。

表1-1　项目管理各阶段的主要工作事项

阶段	子阶段	工作内容
前期策划	项目建议书	项目投资机会研究
		项目选址、功能、规模、技术方案、资金来源、投资效益和社会效益研究
		落实土地来源，协议取得土地
		咨询规划委员会，取得规划意见书
		咨询供水、供电、交通等市政部门，落实资源供给条件
		委托咨询单位编制项目建议书
		向上级主管部门报批项目建议书
		向发展和改革委员会报批项目建议书
		与项目建议书评估机构进行沟通说明，取得评估意见
		取得上级主管部门的审批意见
		取得发展和改革委员会的审批意见
	可行性研究报告	进一步落实项目选址、功能、规模、技术方案、资金来源、投资效益和社会效益研究，就项目建议书的审批意见做出针对性的回应
		进行项目环境影响评价
		进行场地地震安全性评价
		完善用地手续，向规划委员会申请取得建设用地规划许可证
		申请建设用地钉桩，取得钉桩报告
		委托咨询单位编制可行性研究报告
		向上级主管部门报批可行性研究报告
		向发展和改革委员会报批可行性研究报告
		与可行性研究报告评估机构进行沟通、说明，取得评估意见
		取得上级主管部门的审批意见
		取得发展和改革委员会的审批意见

阶段	子阶段	工作内容
设计阶段	方案设计	编制设计任务书
		建筑方案招标
		确定建筑方案，签订设计合同
		工程各专业方案设计
		向规划委员会申报设计方案，取得"审定设计方案通知书"
		工程勘察招标
		签订场地勘察合同
		现场勘察，取得勘察报告
		勘察报告交付审查，取得合格意见
	初步设计	工程各专业初步设计
		向消防、人防、抗震、交通等市政部门申报初步设计，取得审批意见
		向规划委员会申报初步设计，取得"建筑工程规划许可证"
		向上级主管部门申报初步设计
	施工图设计	工程各专业施工图设计
		委托有施工图审图资质的单位进行施工图审查，取得审查合格证书
施工阶段	施工启动工作	监理和施工单位招标
		签订监理和施工合同
		工地现场"三通一平"
		取得施工许可证
		监理和施工单位进场，进行技术和现场准备
	施工过程管理	包括施工过程中的质量、进度、造价、安全管理
	工程验收	过程验收
		竣工预验收
		竣工验收
		工程交付使用

第 1 章　概述

第2章

选取适合项目特点的管理模式

本章思维导读

上一章我们列出了工程项目管理工作内容的清单，业主的任务就是要将这些工作内容以合理的价格分配给合适的人或机构，这种分配方式可以称为项目管理模式。本章的内容就是要借鉴国内外的项目管理模式经验，来讨论如何找到一种适合业主自身特点的项目管理模式。

2.1 国外的项目管理模式

国外在长期的发展过程中，根据市场的需求，形成了几种主要的项目管理模式，以适用于项目的不同需求。

2.1.1 传统的工程管理模式

这种模式在国际上非常通用，采用国际咨询工程师联合会（FIDIC）土木工程施合同条件的项目均采用这种模式。这种模式的各方关系如图 2-1 所示。

这种模式由业主委托建筑师或咨询工程师进行项目的前期工作（可行性研究等），并完成项目的设计工作，准备施工招标文件，随后通过招标选定施工承包商。业主和施工承包商订立工程施工合同。工程分包和材料设备的采购由承包商与分包商和供应商单独订立合同并组织实施。

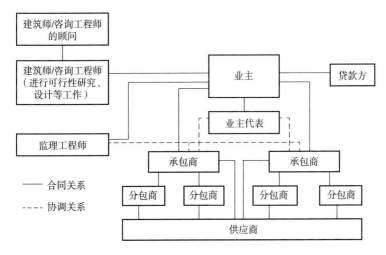

图 2-1　传统的工程管理模式

业主一般委派代表与建筑师或咨询工程师，以及承包商进行协调，并负责项目管理工作。但国外很多项目在施工阶段均授权建筑师或咨询工程师进行管理。这种模式的优点是业主可自由选择设计方，对设计有较强的控制权，业主也可自由选择监理人员进行工程监理，管理模式和合同文本均比较成熟可靠，有利于合同管理、风险管理和减少投资；缺点是项目周期长，设计阶段结束后才开始工程施工，管理费用较高。

2.1.2　CM 模式

CM 模式(Construction Management Approach) 又称为阶段发包模式(Phased Construction Method) 或快速轨道方式（Fast Tract Method）。这种模式近年来在国外广泛流行，其特点是不必等待设计图纸全部完成后才开始施工招标，而是将设计和施工形成一种流水的搭接。这种模式由业主和业主委托的 CM 经理和建筑师共同组成一个联合小组负责项目的规划、设计和施工，以及项目的总体造价控制。

在主体设计方案确定后，随着设计工作的进展，完成某一分项工程的设计后，即将该分项工程组织进行招标，发包给一家承包商，由业主直接与每个分项工程的承包商签订承包合同。

这种模式可以缩短工程的周期，减少投资风险，较早地获得收益。同时，设计时可听取 CM 经理的意见，预先考虑施工因素，运用价值工程以节约投资。这种模式对 CM 经理的要求较高，必须聘用精明强干、懂工程、经济及管理的人才来担任。

CM 模式分为代理型和风险型两种。代理型（Agency CM）模式下，CM 经理是业主的咨询和代理，业主和 CM 经理签订服务合同，一般采用固定酬金加管理费办法。这种模式下 CM 经理不对进度和成本做出保证，可能索赔与变更的费用较高，业主方的风险较大，任务较重。风险型（At-Risk CM）模式下，实际上是 CM 经理也承担施工总承包商的角色。业主会要求 CM 经理提出工程造价控制的目标（Guaranteed Maximum Price，简称 GMP），如最终工程结算超过 GMP，则 CM 公司负责赔偿；如低于 GMP，节约的投资则归业主所有。业主向 CM 公司支付佣金和工程直接成本，以及风险性奖金。这种模式的优点是在项目初期就能选定项目组的成员，可提供完善的管理与技术支持，可提前开工竣工，业主方任务轻、风险较小。缺点是工程造价的控制中包含许多设计和招标的不确定因素，可供选择的风险型 CM 公司较少。一般的风险型 CM 公司都是由大型的建筑工程公司演化而来的。而来自设计咨询公司的 CM 经理往往只能承担代理型 CM 模式。

如图 2-2 和图 2-3 所示为两种常用的 CM 形式。

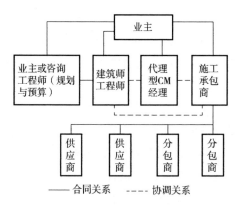

图 2-2　代理型 CM 模式

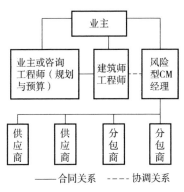

——合同关系　----协调关系

图 2-3　风险型 CM 模式

✓ 2.1.3　设计—建造（Design-Build）模式与交钥匙（Turnkey）模式

设计—建造（Design-Build）模式是指在项目原则确定以后，业主只需选定一家公司负责项目的设计和施工。这种模式在投标和签订合同时是以总价合同为基础的，设计—建造总承包商对整个项目的成本负责，其首先选定一家咨询公司进行设计，然后采用竞争性招标方式选择承包商，当然也可以利用本公司的设计和施工力量完成一部分工程。

在这种方式下业主方首先招聘一家专业咨询公司代其研究拟定项目的基本要求，授权一个具有专业知识和管理能力的管理专家作为业主代表，与设计—建造总承包商联系，如图 2-4 所示。

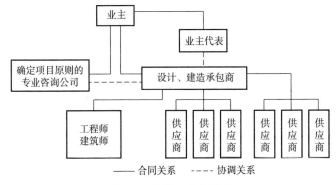

——合同关系　----协调关系

图 2-4　设计—建造模式

而交钥匙（Turnkey）模式可以说是具有特殊含义的设计—建造方

第2章　选取适合项目特点的管理模式

式，即承包商根据合同规定为业主提供包括项目融资、设计、施工、设备采购、安装和调试直至竣工移交的全套服务。

这两种模式的优点是：项目的责任单一，项目管理连续性好，可有效避免设计和施工之间的矛盾，因而可以有效地减少项目的成本和工期。同时，在选定承包商时，把设计方案的优劣作为主要的评标因素，以保证业主得到高质量的工程项目。这两种模式的主要缺点是：业主对最终设计和细节的控制降低，工程设计可能受到承包商的利益影响。

2.1.4 设计—管理模式

设计—管理（Design-Manage）模式通常是指一种类似 CM 模式但更为复杂的、由同一实体向业主提供设计和施工管理服务的工程管理模式，在通常的 CM 模式中，业主分别就设计和专业施工过程管理服务签订合同。采用设计—管理合同时，业主只签订一份既包括设计也包括类似 CM 服务在内的合同。在这种情况下，设计师与管理机构是同一实体。这一实体常常是设计机构和施工管理企业的联合体。

设计—管理模式的实现可以有两种形式：一是业主与设计—管理公司和施工总承包商分别签订合同，由设计—管理公司负责设计并对项目实施进行管理；另一种是业主只与设计—管理公司签订合同，由设计—管理公司分别与各个单独的分包商和供应商签订合同。这种方式可以看做是 CM 与设计—建造两种模式相结合的产物，这种模式也常常用在分包商阶段以加快工程进度，如图 2-5 所示。

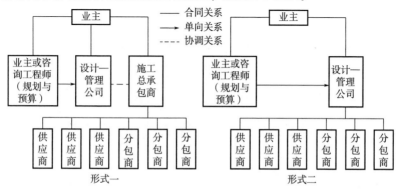

图 2-5 设计—管理模式

✅ 2.1.5 BOT 模式

BOT（Build-Operation-Turnover）模式即建造—运营—移交模式。这种模式是 20 世纪 80 年代在国外兴起的依靠私人资本进行基础设施建设的一种融资和建造的项目管理方式。它是指东道国政府本国基础设施建设和运营市场，吸收国内外的各种资金，授给项目公司以特许权，由该公司负责融资和组织建设，建成后负责运营并偿还贷款。在特许期满时再将工程移交给东道国政府。

BOT 模式的运作程序一般如下：

(1) 项目的提出与招标

拟采用 BOT 模式的基础设施建设项目，大型项目由中央政府审批，普通项目由地方政府审批，往往委托一家咨询公司对项目进行初步的可行性研究，随后颁布特许意向，准备招标文件，进行公开招标。

(2) 项目发起人组织投标

发起人往往是强有力的咨询公司和大型的工程公司的联合体，他们申请资格预审并在通过资格预审后购买招标文件进行投标。发起人需要对 BOT 项目进行深入的技术和财务的可行性分析，然后提出深入的项目实施方案和项目融资方案。特别是项目的融资方案，必须征得金融机构的认可，因为一般来说，整个项目 70% ~ 90% 的资金需要向金融机构融资。

(3) 成立项目公司，签署各种合同与协议

项目发起人首先和政府谈判，草签特许权协议，然后组建项目公司，完成融资交割，最后项目公司与政府正式签署特许权协议。项目发起人一般要提供组建项目公司的可行性报告，通过股东讨论，签订股东协议和公司章程，同时向当地政府工商管理和税收部门注册。然后项目公司与各个参与方谈判签订总承包合同、工程监理合同、运营维护合同、保险合同和各类专业咨询合同，以及设备供货合同等。

(4) 项目建设和运营

项目公司组织项目的建设并投入运营，为提前收回投资，也可阶段性地完工和投入运营。

（5）项目移交

在特许期满前，应做好必要的维修以及资产评估工作，以便按时将项目移交政府运行。

2.2 国内的项目管理发展历程

我国工程管理模式的发展与经济发展息息相关，从计划经济到市场经济，工程管理模式也在不断变化，其中有一些关键性的事件，如工程监理的产生、项目管理公司的产生，标志着我国的工程管理也在逐步向项目管理的模式过渡，我国在吸取西方先进管理经验的基础上，正在形成符合我国国情的项目管理模式。

2.2.1 早期的工程管理模式

20 世纪 90 年代中期之前，还没有工程监理，那时候私人投资的项目比较少，工程以政府和集体投资项目为主，还没有全面推行工程招标投标，工程价格靠定额来确定，在政府批复项目以后，业主项目管理班子的组成多由行政命令来决定，参与单位包括出资单位、使用单位、设计单位、施工单位等，其共同组成一个工程指挥部，对项目的全过程进行管理。也有另一种情况是针对某些单位或集体要开发的项目，那时候很多单位都常设有基建处，在这种情况下，便由基建处或其他领导指定的机构牵头，从本单位的各个部门抽调人员组成一个项目班子，如果需要的话，也会从其他单位借调一些专业人员来充实项目班子，共同组成一个工程管理机构，对工程项目进行全过程管理，设计单位和施工单位通过谈判或行政指令来确定。

2.2.2 工程监理制下的传统管理模式

20 世纪 90 年代中期以后，我国开始推行工程监理制和施工总承包制，建设部和国家发展和改革委员会联合颁布的《工程建设监理规定》中明确指出，应当执行工程建设监理的范围包括大中型工程项目，市政、公用工程项目，政府投资兴建和开发建设的办公楼、社会发展事业项目和住宅工程项目，外资、中外合资、国外贷款、赠款、捐款建设的工程项目。这是推进项目管理专业化的一个重要步骤。

同时，我国也开始逐步推行工程招标投标制度和设计、施工企业的资质化管理，这些举措对推进项目管理的发展都非常重要。在这个阶段，最重要的变化是工程监理的出现，其分担了部分原来由业主承担的职能。在工程管理原有的业主、勘察、设计、施工四方的基础上，又增加了工程监理。这种模式下，当一个项目被发展和改革委员会批准后，业主单位组成一个项目管理班子，人员来自自己单位的各部门或外聘专业人员，业主先招标选定设计单位，完成设计工作，再招标选定监理单位和施工单位，共同对项目进行管理。对于分包商或材料供应商，有的由施工单位来确定，有的由业主来确定。

工程监理仅仅限于在施工阶段接受业主的委托，对工程进行项目管理。工程监理的制度化保证了工程施工的专业化管理，它将业主管不了也管不好的一部分项目管理工作分离出来，进行专业化管理。全过程的项目管理仍然由业主的团队负责。这种模式如图 2-6 所示。

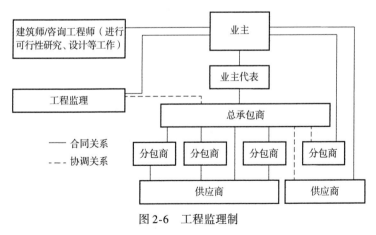

图 2-6　工程监理制

✅ 2.2.3　代建制

在推进项目管理的过程中，一个突出的举措是代建制的推行。代

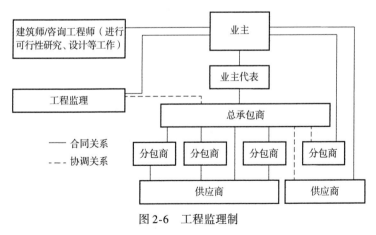（图中文字：建筑师/咨询工程师（进行可行性研究、设计等工作）　业主　业主代表　工程监理　总承包商　合同关系　协调关系　分包商　分包商　分包商　分包商　供应商　供应商）

建制起源于美国的建设经理制（CM 制）。建设监理作为业主的代理人，在业主委托的业务范围内，对包括可行性研究、设计、采购、施工和竣工试运行等工作进行全面管理。建设经理制分为代理型和风险型两种，其关键区别就在于后者要对工程造价负责，确保工程造价在预先确定的范围内。我国推行的代建制更近于风险型的 CM 制，是一种符合我国工程管理体系的风险型 CM 制。

代建制主要针对政府投资建设的项目，这类项目具有规模大、投资多、社会性强的特点。由于项目管理方式上存在问题，普遍存在超规模、超投资和超工期的三超现象，腐败事件时有发生，投资效益和社会效益往往不能最大化，代建制就是针对这些问题而提出来的。

北京市于 2004 年 3 月 19 日颁布了《北京市政府投资建设项目代建制管理办法（试行）》。该办法中明确了代建制的概念：即指政府通过招标的方式，选择社会专业化的项目管理单位，负责项目的投资管理和建设组织实施工作，项目建成后交付使用单位的制度。

代建制可以分为两个阶段，即项目前期工作和建设实施两个阶段。也可委托一个单位进行全过程代建管理。

项目前期代建单位的工作职能包括编制项目的可行性研究报告；组织工程勘察和规划设计等的招标工作；组织开展项目初步设计文件的编制修改工作；办理项目可行性研究报告审批、土地征用、房屋拆迁、环保、消防等有关手续报批工作。

建设实施代建单位的工作职能包括组织施工图设计；组织施工、监理和设备材料选购招标活动；负责办理年度投资计划、建设工程规划许可证、施工许可证和消防、园林绿化、市政等工程竣工前的有关手续；负责工程合同的洽谈与签订工作，对施工和工程建设实行全过程管理；按项目进度向市发展和改革委员会提出投资计划申请，向市财政局报送项目进度用款报告，并按月向市发展和改革委员会、财政局及使用单位报送工程进度和资金使用情况；组织工程中间验收，会同市发展和改革委员会、使用单位共同组织竣工验收，对工程质量实行终身负责制；编制工程决算报告，报市发展和改革委员会、财政局审批，负责将项目竣工及有关技术资料整理汇编移交，并按批准的资产价值向使用单位办理资产交付手续。

代建制的组织实施程序分为以下几步：

①使用单位提出项目需求，编制项目建议书，按规定程序报市发展和改革委员会审批。

②市发展和改革委员会批复项目建议书，并在项目建议书批复中确定该项目实行代建制，明确具体代建的方式。

③市发展和改革委员会委托招标代理机构通过招标确定具备条件的前期工作代理单位，市发展和改革委员会与前期工作代理单位、使用单位三方签订《前期工作委托合同》。

④待初步设计和概算投资经市发展和改革委员会及市规划等部门批准后，由市发展和改革委员会委托招标代理机构通过招标确定建设实施代建单位。市发展和改革委员会和建设实施代建单位、使用单位三方签订《项目代建合同》。

建设实施代建单位应按照国家和市有关规定，对项目施工、监理和重要设备材料采购进行公开招标，并严格按照批准的建设规模、建设内容、建设标准和概算投资，进行施工组织管理，严格控制项目预算，确保工程质量，按期交付使用。建设实施代建单位应提供工程概算投资10%～30%的银行履约保函。若建设实施代建单位未能履行代建合同，造成超规模、超投资、超工期或工程质量不合格，所造成的损失或投资增加额一律从建设实施代建单位的履约保函中补偿，履约保函不足的，相应扣减项目代建管理费，管理费不足的，由代建单位自有资金补足。

项目建成竣工验收后，并经竣工财务决算审核批准后，如决算投资比合同约定投资有节余，建设实施代建单位可参与分成，分成比例不低于30%。

✓ 2.2.4 建设工程全过程咨询与EPC工程总承包

1. 建设工程全过程咨询

从业主管理的角度，我国目前大力推行建设工程全过程咨询，这既是为了克服目前国内存在的业主管理不专业、管理碎片化的弊病，也是与国际接轨的要求。

2017年2月21日，国务院办公厅发布了《关于促进建筑业持续健康发展的意见》（国办发〔2017〕19号），要求推进全过程工程咨询。2017年5月2日，住房和城乡建设部发布了《关于开展全过程工程咨询试点工作的通知》（建市〔2017〕101号），要求符合条件的建设工程业主积极采用建设工程全过程咨询。

下面对建设工程全过程咨询的有关问题进行简要说明。

(1) 何为建设工程全过程咨询

在传统的建设工程管理过程中，业主在不同的阶段都要进行工程咨询的委托：如在前期策划阶段委托编制项目建议书、可行性研究报告，设计阶段分别委托勘察、设计公司进行工程勘察、设计，施工阶段委托工程监理进行施工监理，委托造价顾问进行全过程造价咨询；委托招标代理进行工程招标，委托法律顾问提供法律意见，委托审计顾问提供审计意见等。

在推进全过程咨询的情况下，应将上述的咨询工作尽可能交给一家专业的咨询公司来完成，这样有助于保证咨询工作前后的连续性和一致性，大大减少业主的协调工作量，保证咨询工作的专业性。

住房和城乡建设部《关于征求推进全过程工程咨询服务发展的指导意见（征求意见稿）》对全过程咨询是这样定义的：全过程工程咨询是对工程项目前期研究决策，以及工程项目实施和运营的全生命周期提供包含设计和规划在内的涉及组织、管理、经济和技术等有关各方面的工程咨询服务。

也就是说，全过程就是涉及建设工程全生命周期内的投资决策、招标代理、勘察设计、造价咨询、工程监理、项目管理、竣工验收及运营保修等各个阶段的管理服务。

(2) 适宜采用全过程咨询的项目

1）国有资金占控股或主导地位的项目。

2）房屋建筑和市政基础工程。

3）专业技术性较强的项目（依赖于咨询公司提出专业意见）。

4）政府、事业单位等建设主体投资的项目（通常投资主体不具备工程项目管理能力）。

（3）咨询企业的资质和服务模式

传统上，勘察、设计、监理、造价咨询、招标代理、工程咨询企业都有相应的资质，而且这些企业通常都是分离的，在各自资质容许的经营范围内承担相应的业务。

在承担项目的全过程或者部分阶段的咨询业务时，就必须要取得咨询业务所要求的全部资质。如果不具备某项资质，就需要通过与其他企业联合或者分包的方式来取得，当然联合或者分包都要取得业主的同意。

除了资质要求以外，咨询企业应具有同类项目的业绩，并具有良好的信誉。

对项目的咨询人员，也有相应的要求，具体如下：一是承担勘察、设计、监理和造价咨询业务的负责人，应具有相应的执业资格，即必须是注册建筑师、注册监理工程师、注册造价师、注册岩土工程师等；二是应具有同类项目的业绩；三是注册建筑师在全过程咨询过程中，要发挥主导作用。

（4）咨询企业的确定

业主一般通过招标来确定全过程咨询公司，商定服务费用，并签订咨询合同。

2. EPC 工程总承包

从工程承包的角度，我国目前大力推广的是 EPC（Engineering Procurement Construction）工程总承包模式。在 EPC 模式中，Engineering 是指工程设计，也包括项目的策划和组织；Procurement 是指建筑设备材料的采购；Construction 则包括工程的施工、安装、测试、技术培训等。

传统的施工总承包模式中，工程的前期策划以及工程设计，全部由业主另行委托，直至施工图设计完成，才由施工总承包商实施后续的深化设计、工程施工、采购及安装等。

为了减少管理的环节，增加管理的专业性，提高管理的效率，工程项目管理从施工阶段向上游的设计阶段和前期策划阶段延伸，即形成了 EPC 工程总承包模式，它主要有以下三种形式：

(1) 交钥匙总承包

施工总承包从施工阶段延伸到扩初（扩大初步）设计完成后，形成了交钥匙总承包模式，交钥匙总承包商将承担后续的施工图设计、工程施工、安装及全部的材料和设备采购。这种模式是最典型的 EPC 工程总承包模式之一，国外应用广泛，也是我国主要推广的模式。

(2) 设计—施工总承包

这种模式同样是从施工阶段延伸到扩初设计完成后，设计—施工总承包商将承担后续的施工图设计、工程施工、安装，但不包括材料和设备采购。材料和设备由业主自己来采购。

(3) 建设—转让总承包

这种模式的起点可以有多种选择，视业主的需求而定，可以从项目立项以后，就招标选定建设—转让总承包商，也可以从扩初设计之后，再招标选定建设—转让总承包商，或其他业主认可的起点。建设—转让总承包商除了要承担后续的全部设计、施工、安装、采购工作外，还要承担项目的融资及项目竣工后的试运行工作，待协议期满后，再移交给业主。

如图 2-7 所示为 EPC 工程总承包的三种模式。

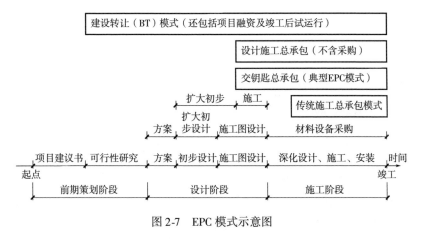

图 2-7　EPC 模式示意图

下面来讨论 EPC 工程总承包模式的几个特点：

1）扩大初步设计是交钥匙总承包模式和设计—施工模式的工作起点，原因在于：

18

①前期策划、方案设计及扩大初步设计阶段包含了项目主要的事项及决策，在前期阶段将确定项目的功能、规模、选址、造价等主要事项，而在方案及扩大初步设计阶段，将确定项目的建筑方案、各专业的主要技术方案和主要的技术细节。这些事项宜由业主来主导和决策。前期策划阶段及设计阶段的政府报批也要求业主必须亲自出面。

②为何是扩大初步设计，而不是初步设计：因为按照《建筑工程设计文件编制深度规定》，初步设计的深度并不能满足工程总承包招标的要求，不能较为准确地算出工程造价。但扩大初步设计的深度具体应该是多深，才能满足招标的要求，在规范规程中并没有明确的规定。它应该介于初步设计和施工图设计的深度之间。需要在设计合同中进行相应的约定。具体来说，各专业的技术方案和主要的技术细节都已经确定，能够满足编制工程量清单的要求，对工程造价的影响已经能够控制在业主可以接受的范围内。

③扩大初步设计之后的施工图设计，以及深化设计，主要是工程的施工详图设计、细部设计，为满足施工需要而编制，由施工单位编制更为合适。总承包商需协同业主一起，完成施工图的报审并取得施工图审查合格证书。

2）关于采购：在施工阶段，有大量的材料和设备需要采购。

①对于交钥匙模式，原则上所有的材料和设备都应该交给总承包商来采购，这样非常有利于工程的统一协调管理。但如果业主认为某些材料和设备由自己采购对工程更为有利，一种可行的做法是：业主可以与材料及设备供应商商定价格和主要的合同条款，由工程总承包商和供应商签订合同。总承包商负责全面的协调管理，并收取管理费。对交由总承包商采购的材料和设备，业主也可以限定品牌和范围等。

②对于设计—施工总承包：也并非全部的材料和设备都由业主来采购，对于一些基础材料，如钢筋、混凝土、普通管材和设备、辅材等，业主不必要也不一定有精力来采购，而是要根据项目特点，选择一些关键的、利润空间较大的、大宗的、质量标准不是很完善的材料和设备来自己采购，列出一个自己采购的清单，在总承包合同中加以明确。同时要求总承包商对这些材料的采购进度、进场及安装等有关

事项进行配合。

3) 关于总承包：EPC 工程总承包扩展了总承包商的工作范围。将原来由设计单位承担的施工图设计交由工程总承包商来承担，同时，突出了总承包商的总体协调管理地位，不管是专业分包商，还是材料和设备供应商，不管是业主招标，还是承包商采购，最终都要交由总承包商来协调管理，听从总承包商的统一指挥。总承包商将是工地现场唯一的责任主体。

综上所述，采用 EPC 工程总承包，业主可以提前在扩初设计完成后就发包，可以加快工程进度。并且将施工图设计和工程施工一起交给总承包商承担，使设计和施工的衔接更加顺畅。同时，突出了总承包商的总体协调管理作用，对提高施工阶段的管理效率非常有效。

2.3 选取适合项目特点的管理模式

上面讨论了国内外的各种项目管理模式，那么业主该如何确定自身的项目管理模式呢？

我们先列出项目管理工作内容的划分，见表 2-1。

表 2-1 项目管理工作内容的划分

一级划分	二级划分	三级划分
前期策划阶段	项目建议书 可行性研究	
设计阶段	方案设计 初步设计 扩大初步设计 施工图设计	建筑设计 结构设计 机电设计 建筑智能化设计 工艺设计 精装修设计 园林绿化和道路工程设计 市政工程设计 ……

一级划分	二级划分	三级划分
施工阶段	施工图深化设计	钢结构深化设计 幕墙深化设计 精装修深化设计 弱电工程深化设计 ……
	材料和设备采购	钢材 装饰材料 …… 电梯 电气设备 空调设备 给水排水设备 建筑智能化设备 ……
	施工和安装	基坑工程 基础工程 钢筋混凝土结构工程 钢结构工程 机电安装工程 幕墙工程 园林绿化及道路工程 弱电工程 ……

从讨论项目管理模式的角度来说，三级划分应该已经足够。我国目前的工程管理体制按照一级划分来设定，设计和施工截然分开，工程监理制下的传统项目管理模式也是按照这种划分来设定的。

传统的项目管理模式存在管理碎片化、不专业等缺点，出现问题的原因一方面是由于从业人员的素质和整体建筑市场的发展程度，但主要的原因还在于业主管理的不专业。

所以目前国家大力推行全过程工程咨询和 EPC 工程总承包，一方面是为了学习国外的先进经验，与国际接轨；另一方面旨在实行全面的执业注册制度，提高执业人员的素质，由专业的人干专业的事，提高项目管理的水平。具体体现在以下三方面：

(1) 从业主管理的角度，推进全过程工程咨询

在传统的项目管理模式中，业主需要分阶段来委托编制项目建议书和可行性研究报告、招标代理、勘察设计、造价咨询、工程监理等工程咨询服务，在采用全过程咨询的情况下，将这些咨询服务整合起来，并且咨询服务范围扩大到项目管理、竣工验收及运营保修等各个阶段的管理服务。这样就将业主从具体的工程项目管理过程中完全解脱了出来，只需要按照咨询公司的专业意见进行决策，并进行阶段性验收和付款。这项举措保证了业主管理的专业化。

(2) 从施工管理的角度，推进 EPC 工程总承包模式

尤其是推进交钥匙模式，即最典型的 EPC 模式。这种模式和传统的施工总承包模式相比，有以下两个最主要的特点：

1）将施工图设计交由总承包商来承担，由于施工图主要是详图设计和工艺做法设计，以指导施工为目的，由施工单位承担更为合适，也使得设计和施工的衔接更为顺畅。

2）将全部的专业分包，以及材料和设备的采购都交给总承包商来承担。由于总承包商往往对市场行情更为熟悉，有成熟的采购渠道，由总承包商采购更容易保证质量和造价。同时，也更有利于工程的统一协调管理。

(3) 推进从业人员的执业化管理

因为保证工程项目管理质量最重要的因素是从业人员的素质，所以推进执业化管理就非常必要。不管是工程咨询，还是工程施工，都须由执业人员来作为项目负责人，具体要求包括以下几方面：

1）工程咨询的项目总负责人：一级注册建筑师。

2）工程总承包的项目负责人：一级注册建造师。

3）其他的专业负责人如下：

①结构设计：注册结构工程师。

②采暖通风空调设计：注册设备工程师。

③电气照明设计：注册电气工程师。

④勘察设计：注册岩土工程师。

⑤施工管理：注册建造师。

⑥监理：注册监理工程师。

⑦消防：注册消防工程师。

⑧经济：注册造价工程师。

同时，上述的注册工程师还要求具备同类的工程经验，并有良好的执业信誉。

上述描述的是我国目前大力推广的主要管理模式，也是一种比较理想的模式。当然，在实施过程中，还有一些因素制约着这种理想模式的实现，这些因素也是业主在选用项目管理模式时需要慎重考虑的问题：

1. 对业主自身管理习惯和专业能力的认识

(1) 克服自身管理项目的传统习惯和利益模式

在传统的项目管理体制下，许多单位都有自己的项目管理队伍，如果人员不足或专业能力不够，则通过借调或者招聘的方式来补充和增强，认为这样更符合业主的利益。这是一种传统的管理习惯和思维。

(2) 业主的决策能力是项目成败的关键

业主最重要的职责实质上只有两个：一个是决策，另一个是融资。专业意见和项目管理，只要有足够的资金，就可以从多种渠道获得；但项目的决策，尤其是重大事项的决策，是无人能够替代的。决策涉及决策的时效性和科学性。决策人员的专业素质和从业经验对项目来说往往更重要。

2. 工程咨询的委托策略

经过多年的发展，我国已经形成了成熟的专业化咨询制度，勘察、设计、造价咨询、工程监理、招标代理，甚至项目管理、法律、审计都有专业的咨询单位提供专业的咨询服务。现在要将这些咨询企业整合起来，并不是一朝一夕的事情。

业主在委托工程咨询之前，应进行广泛的市场调研，再研究确定适合自己需求的咨询服务委托策略：包括服务范围、委托时间表、潜在对象等。因为业主在不同阶段需要的咨询服务不同，也很难一次性将所有的咨询服务委托出去。但是在具备条件的情况下，应尽可能多地将咨询服务委托给符合条件的专业咨询公司。

3. 材料和设备采购

材料和设备采购，分歧的焦点在于是否将全部的材料和设备都交给总承包商来采购，不仅包括基础的、普通的材料和设备，而且还包括那些专业的、重要的设备。

目前国内在某些设备和材料的生产上，存在质量标准不是很完善的问题，满足同样标准的产品，在质量和价格上却有较大的差距。另一方面，存在承包商为了追求利润，提供的产品质量和价格不相符的情况。

所以，在这种质量标准和信誉体系不是很完善的情况下，业主可以适当将那些质量标准不完善，尤其是那些专业的、重要的材料和设备交由自己来采购。

在这种情况下，就需要深入如表2-1所示的第三级工作内容划分，将那些需要业主自行采购的材料和设备挑出来，列表明确在总承包合同中。另一种可行的办法是，业主和这些材料和设备的供应商商定价格和主要合同条款，由总承包商和供应商来签订合同，总承包商收取管理费。

4. 专业分包的确定

专业分包实际上包含两类：一类是设计专业分包，另一类是施工和安装专业分包。

(1) 设计专业分包

目前，不管是国内或国外，设计公司都分为两类：一类是专业设计公司，如建筑设计事务所、结构设计事务所或机电设计事务所；另一类是综合设计公司，包含了建筑、结构、机电各专业的设计服务。

设计服务应以注册建筑师为主导，不仅仅是技术服务，同时应包括设计过程中的项目管理服务。

在表2.1所示的设计阶段第三级划分项目中，注册建筑师除了要承担自身专业的规划和建筑设计外，其他的专业设计如结构、机电、弱电设计通常也一并交给建筑师所在的设计事务所来承担，其他的项目如工艺设计、特殊功能区域的精装修设计、园林设计、市政工程设计等，是否要交给建筑师来统一承担，应根据实际情况研究后确定。

（2）施工和安装专业分包

如表2-1所示的施工和安装的第三级划分项目中，基础工程、钢筋混凝土工程、钢结构工程都属于结构工程，通常不应分开，应交给总承包商统一承担、管理。机电安装工程，通常也一起发包给总承包商来承担。

但对于幕墙工程、室内精装修工程、园林绿化和道路工程、弱电工程总承包等专业分包，要具体情况具体分析，采取灵活的处理方式。因为对于一个大型的工程项目，其设计周期很长，将所有的设计完成后再一起发包几乎是不可能的，必然是先完成建筑、结构和机电设计，先行确定总承包商，先行开始土建施工和机电安装，其他的幕墙、室内精装修、园林绿化和弱电工程的设计和施工随着整体的工程进度再不断跟进。这也是为什么国外会形成CM模式、设计管理模式等这些灵活的模式来处理这些复杂情况的原因。

对于后续的这些专业分包，如幕墙工程、精装修工程、园林绿化和道路工程、弱电工程等如何确定，通常由业主招标确定，或者业主委托总承包商来招标确定，然后由总承包商和分包商签订分包合同。

综合上述分析，在确定工程的项目管理模式时，要积极推行全过程工程咨询及EPC工程总承包，同时也要兼顾到业主自身的特点和需求，以及工程的实际情况，采用一些灵活有效的处理方式。

本章工作手记

本章讨论了国内外的各种项目管理模式，以及选用项目管理模式时要考虑的因素，见下表。

分类	内容
国外的项目管理模式	传统的工程管理模式
	CM 模式
	设计—建造与交钥匙模式
	设计管理模式
	BOT 模式
国内的项目管理发展历程	早期的工程管理模式
	工程监理制下的传统管理模式
	代建制
	全过程工程咨询及 EPC 工程总承包模式
选取适合业主自身特点的项目管理模式	项目管理工作内容的三级划分
	积极采用全过程工程咨询及 EPC 工程总承包模式时要考虑的因素： （1）对业主管理习惯和专业能力的认识 （2）工程咨询的委托策略 （3）材料和设备采购时要考虑的实际情况 （4）专业分包的确定

第3章

建设程序是工程项目管理的工作框架

本章思维导读

建设程序是工程管理的关键环节，每个工程管理的主要进程，都围绕建设程序展开，以满足建设程序为准绳，以通过政府审批作为结束的标志。了解了建设程序，也就明白了工程分成哪些阶段，在每个阶段要干些什么事情。

3.1 建设流程的分阶段管理

政府对工程建设项目的审批管理大概分为以下三个阶段：

1. 项目立项及可行性研究阶段

这一阶段的主管审批部门是政府的各级发展和改革委员会，即原来的计划委员会，依据项目投资的大小由国家及地方的各级发展和改革委员会来审批，这一阶段审批的重点是投资、项目的必要性及可行性，关键还是投资。但如果是非政府的个人或机构投资，则投资多少不再是重点，而投资是否到位、项目的可行性和必要性成为审批的重点。

2. 设计阶段

这一阶段的主管审批部门是规划委员会，以取得"建设用地规划许可证"和"建设工程规划许可证"为主要成果，以取得"施工图审查合格证书"为结束。当然，在设计阶段，还要取得其他的政府部门，如消防、人防、交通、抗震等部门的审批意见。初步设计及设计概算还要取得主管部门的批准。设计阶段的审批是在可行性研究阶段的基础上，对项目的投资是否满足可行性研究的审批额度，以及项目设计是否满足政府的发展规划、是否满足相关规范和标准、是否妨害公共安全和利益进行审核和批准。设计阶段是政府审批工作最为繁重的一个阶段。

3. 施工阶段

从取得施工许可证开始，到工程竣工验收备案结束，这一阶段的主管部门是政府的各级住房和城乡建设委员会。施工许可证的审批主要目的在于审核项目的各项开工条件是否得到了落实。在施工过程中，建设委员会的管理重点是对工程的质量和安全进行监督检查。在竣工验收时，建设委员会则要对工程验收需满足的各项条件进行审核，否则不予以备案，不备案则不能投入使用。

为了更好地说明建设程序，下面给出两个流程图。

如图 3-1 所示为关于工程建设程序的总体流程图。

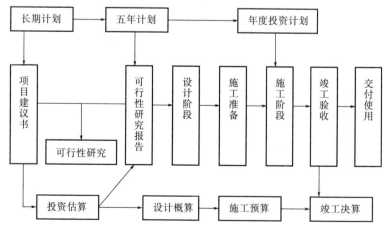

图 3-1 工程建设的总体流程图

如图 3-1 所示，此流程图针对国家投资的项目，对于私人或非政府机构投资的项目，对于投资总量的审批则不再是重点，资金是否到位则是审查重点，同时也必须满足国家的发展规划、公共的安全和利益，以及有关政府部门的要求。

从图 3-1 我们可以看到建设程序大致分为项目建议书、可行性研究、设计阶段、施工准备、施工阶段、竣工验收和交付使用几个步骤。施工准备实质上并不能作为一个独立的阶段，它是设计阶段和施工阶段之间的一个过渡，施工准备包含了许多重要的工作，如监理单位和施工承包商的招标、施工现场的三通一平、施工图文件的审批合格、相关政府部门的报批等，以取得施工许可证为标志。竣工验收实质上是施工阶段的收尾，但从很多工程的经验来看，尤其是一些大型工程，竣工验收不仅工作量大，而且延续的时间较长，作为一项独立的步骤提出来也不为过。交付使用则只是表明了一种状态。

对于长期计划、五年计划、年度投资计划，主要是针对国家投资项目来说，项目本身及其投资必须要符合国家的发展规划和投资计划。

对于投资估算、设计概算、施工预算和竣工结算，则反映了在建设过程中，投资控制的阶段性目标，估算与项目建议书及可行性研究报告相对应，概算与初步设计相对应，预算与施工图设计相对应，决算则与竣工验收相对应，后者不能超越前者，即使超越也要控制在合理的范围之内，否则就必须重新报审。

如图 3-2 所示为更为详细的流程图，图 3-1 是一个框架性的流程图，但实际的审批过程中，涉及的部门和程序不仅繁多，而且复杂。尤其是在项目的前期，即从项目建议书开始到取得施工许可证为止，涉及的审批部门和审批程序都非常多。图 3-2 所示为在前期阶段及设计阶段所要进行的审批工作，可以供大家参考。

同时针对图 3-2 有两点说明：一是不同的项目其审批程序是有差别的，在具体审批前，必须咨询政府管理部门；二是政府审批程序是在不断调整和变化过程中的，在具体审批前，必须咨询政府管理部门。

下面将对各个阶段的建设程序进行较为详细的说明。

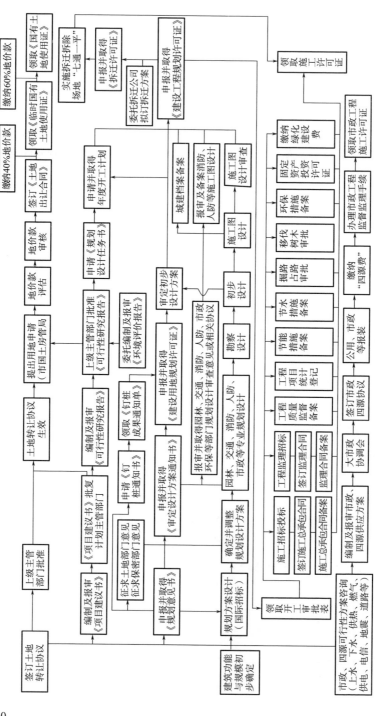

图3-2 项目在可行性研究阶段及设计阶段的详细流程图

3.2 项目立项及可行性研究阶段

项目立项及可行性研究阶段的任务是宏观决策，并奠定项目的各项基础。其核心工作是项目建议书及可行性研究报告的编制和报审。项目建议书及可行性研究报告一般由业主来委托有资格的设计单位或咨询公司来编制。项目建议书和可行性研究报告正式批复前，还须由主管部门认可的咨询公司对项目建议书和可行性研究报告进行审核和评价，并提出审核意见。项目建议书和可行性研究报告的审批主管部门是政府的各级发展和改革委员会，发展和改革委员会将在咨询公司审核意见的基础上，对项目的可行性审批，并提出有关的意见和建议。项目建议书获得批准，即视为项目立项，可行性研究报告获得批准，即视为项目获得正式批准。

发展和改革委员会是项目建议书和可行性研究报告的归口管理部门，在最终审批之前，还必须要征询其他政府管理部门的意见和建议，具体征询哪些部门，要根据发展和改革委员会的意见来定，一般来说包括规划委员会、土地管理部门、环保部门、地震部门、交通部门、市政管理部门等，下面将具体予以说明。

1. 规划委员会

规划委员会是规划管理部门，在项目开始阶段，须向规划委员会申请规划意见书，并钉桩确定用地位置及范围。规划意见书一方面作为规划委员会同意进行项目建设的正式文件，同时规划意见书也明确了规划委员会对项目的规划条件，如建筑高度、用地范围和建筑退线距离、绿地布置要求、道路规划等，作为下一步向土地主管部门申请建设用地的依据，同时也作为勘察、设计的依据。

在取得土地主管部门的建设用地批准意见后，还须向规划委员会申请建设用地规划许可证，完成建设用地的审批手续。由于土地取得方式的不同，使得土地规划手续的申报也有所区别，有的土地出让时已具备规划条件，有的是在取得土地后再申请规划条件，手续会有所不同。

2. 土地管理部门

建筑项目开发的前提条件之一是取得土地，在我国土地全部为国有，必须依法取得土地的使用权，与土地管理部门签订国有土地使用协议。取得土地使用权的方式主要有出让（出让方式有招标、拍卖、挂牌、协议）、行政划拨和转让三种方式。主管部门是国土资源和房屋管理部门。

3. 环保部门

在项目立项以后，业主需根据有关规定的要求，委托有资质的设计或咨询单位进行项目的环境影响评价工作。主管部门是国家和地方的各级环境保护局。

环评工作分为两个阶段来进行：首先由业主委托设计或咨询单位编制环境影响评价大纲，大纲报环保主管部门批准同意后，再委托编制环境影响评价报告书，报告书再报环境保护部门审核批准。

4. 地震部门

在项目立项以后，业主需根据有关规定的要求，委托有地震安全性评价资质的单位进行场地的地震安全性评价。编制地震安全性评价报告，报地震主管部门审核批准。地震主管部门是国家和地方的各级地震局。也有些重大项目将地震安全评价分为两个阶段来做：第一个阶段是在选址时，目的是查清拟建设的场地是否存在重大的地震安全问题，如是否位于地震断裂带上，是否需要进行重大的抗震处理等，为项目的选址提供依据；第二个阶段才是在项目立项以后，委托进行正式的地震安全性评价，评价报告应获得地震局的审核批准。

5. 交通部门

对于某些项目，其建成后对城市的交通可能造成较大的影响，在这种情况下，发展和改革委员会要求对项目进行交通影响评价，交通影响评价应由业主委托有资格的交评单位进行交通影响评价，并提交《交通影响评价报告》，交通影响评价报告报交通管理部门批准。交管部门是政府的各级交通委员会，由交通委员会出具审批意见。

6. 市政部门

在项目的立项阶段及可行性研究阶段，对市政基础配套设施是否能够满足项目的需要进行调研是非常必要的，业主应与自来水公司、热力公司、燃气公司、电力公司、电信部门、市政工程管理处等市政公司和市政部门洽谈，请其就供水、供热、供气、供电、电信接入、排水的方案提供可行性报告，作为项目审批的依据。

每个项目需要咨询哪些部门，要根据主管部门的意见来定，也要根据项目的具体情况来决定。

同时，在项目建议书获得批准后，业主就可以拟定项目需求，进行建筑方案招标，并确定项目的建筑方案。

上述的审核及批准意见和建筑方案都要汇总到可行性研究报告中。可行性研究报告获得批准后，就可以进入下一阶段的设计审批程序。

3.3 设计阶段是审批的重点

设计阶段审批工作较多，涉及的政府部门也较多，项目管理者要把设计阶段的报批工作作为项目管理的重点来抓。设计阶段又具体分为方案设计、初步设计和施工图设计三个阶段，其中以初步设计阶段的审批工作最为重要。下面分阶段进行说明。

3.3.1 方案设计阶段

方案设计阶段的报批工作较少，业主须向所在地区的规划委员会申报建筑方案，取得《审定设计方案通知书》。

3.3.2 初步设计阶段

1. 上级主管部门

建设单位应向上级主管部门申报初步设计，关键是就建设规模及设计概算，取得上级主管部门的正式批准文件。

2. 规划委员会

建设单位须向规划委员会申报初步设计，取得《建设工程规划许可证》。

3. 消防审核部门

建设单位须向消防审核部门申报初步设计，若建筑防火设计超出了现行规范的规定，还需要进行消防性能化设计，并委托有资质的单位进行性能化设计评估。消防审核部门会出具《建筑消防设计防火审核意见书》，无此意见书，不能申领规划许可证。

4. 人防部门

建设项目需进行人民防空的配套建设。初步设计开始阶段，应与人防部门沟通，确定人防建设的规模和等级，如果建设单位不愿意进行人防建设，可缴纳异地建设费来替代。包含人防建设方案的初步设计应交人防部门审核，并取得《人民防空工程设计审核批准通知单》。无此批准通知单，也不能申领规划许可证。

5. 交通部门

若规划委员会要求对建设项目的交通组织设计进行审核，业主应将项目的初步设计报公安交通管理局，公安交通管理局会组织专家对交通规划设计进行审核，并取得交通规划设计审查意见。

6. 抗震设防管理部门

若建设项目属于超限高层建筑，按照有关规定还需要进行超限高层抗震设防专项审查，建设单位须向抗震设防管理部门申报结构初步设计文件，管理部门会组织专家委员会对项目的抗震设防设计进行审查，并出具审查意见。

7. 市政部门

在初步设计阶段，建设单位应与各市政单位进行沟通，并委托有资质的单位编制供电、供气、供水、排水、供热、电信接入等的正式方案，进行市政工程的协调，并委托设计。

每个项目需要咨询哪些部门，要根据主管部门的意见来定，也要根据项目的具体情况来决定。

3.3.3 施工图设计阶段

1. 规划委员会

施工图应按照有关规定报审，建设单位应将设计施工图委托给有审图资质的设计或咨询单位进行审查，施工图报审的目的是控制施工图设计的质量，并对强制性规范的落实和涉及安全及公共利益的问题进行审查，并出具施工图审查合格书。这是施工图设计阶段最重要的审查。

2. 消防部门

按照初步设计阶段的审核要求，防火设计施工图应报消防部门审核备案。

3. 人防部门

同样施工图应报人防部门审核备案。

其他视项目情况而定。

3.4 施工阶段

施工阶段的报批主要是施工许可证的取得和工程的竣工验收。在工程施工期间，质量和安全监督部门也会对工程质量和安全进行监管。在施工阶段的政府主管部门是政府的各级建设委员会。

3.4.1 施工许可证的取得

建设项目必须取得施工许可证才能正式开始施工。要取得施工许可证，一般来说应具备以下条件：

1）取得建筑工程规划许可证。

2）取得正式的用地批准手续。

3）施工图审查合格，取得施工图审查合格证书。

4）施工单位招标到位，有施工合同备案表。

5）监理单位招标到位，有监理合同备案表。

6）施工现场具备施工条件，现场三通一平已落实。

7）项目的资金已经落实。

8）已在质量监督主管部门及安全监督主管部门办理相应的质量、安全监督注册手续等。

建设委员会在建设单位申报后，要核实各项条件，并派人到现场核实是否具备施工条件，核准后颁发施工许可证。

3.4.2 工程竣工验收

工程完工后，首先由监理公司组织工程预验收，预验收通过后，由建设单位组织正式的工程竣工验收，工程直接参与的各方，包括建设单位、勘察单位、设计单位、监理单位、施工单位五方都要参加，并在竣工验收表上签字盖章。

在竣工验收之前，凡是工程涉及的各政府部门都要对工程进行验收，包括规划委员会、建设委员会、人防部门、消防部门、园林部门、交通部门、卫生部门等，具体因项目的不同而异，并取得相应的验收意见。建设委员会是最终的归口管理部门，会最终核查项目是否已取得了有关政府部门的验收意见。建设单位在五方工程竣工验收后，要向建设委员会申请竣工备案，取得备案手续后，工程即正式竣工，可以投入使用。

3.4.3 市政外线工程的开工及竣工

对于各专业的市政外线工程，其施工并不受建设委员会的管理，施工许可及工程竣工都由该专业的主管部门来管理。如供电外线工程，其施工许可、过程管理及竣工验收都由电力部门来管理。电信接入则由电信部门来管。热力、燃气也都有自己的管理部门等，这一点需要注意。

本章工作手记

本章对工程建设程序进行了概括性的描述，见下表。

阶段划分		主管审批部门	审批事项
前期策划阶段		政府的各级发展和改革委员会	项目建议书审批
			可行性研究报告审批
设计阶段	方案设计阶段	规划委员会	申报并取得《审定设计方案通知书》
	初步设计阶段	规划委员会及消防、人防、交通、抗震等政府管理部门	取得消防、人防、交通、抗震等部门的审批意见，并最终取得建设用地规划许可证及建筑工程规划许可证
	施工图设计阶段	规划委员会	取得施工图审查合格证书
施工阶段	施工启动	建设委员会	取得施工许可证
	施工过程	建委质量和安全监督部门	质量和安全过程监督
	工程竣工	建设委员会	竣工验收及备案

第 3 章 建设程序是工程项目管理的工作框架

第4章

设计需求的专业化表达

本章思维导读

　　每个项目的功能需求都是不一样的，但不一样的设计需求却必须转化为一样的设计语言，才能切实指导设计。由于在专业知识、建筑艺术品位、表达方式、空间感觉上的巨大差异，业主和建筑师之间必然存在沟通和理解上的障碍。要弥补这种差异和障碍，一方面业主需要尊重和理解建筑师的想法和创意，同时更重要的是，业主要尝试去理解建筑师的思考和工作过程，同时将自己的功能需求转换为设计元素的量化表达，这样无疑会促进业主和建筑师之间的相互理解，加快沟通的进程。本章的意图就是要搭建这样一个沟通的桥梁。

4.1　概述：了解建筑设计的过程，像建筑师那样思考

　　建筑师的创造性工作是从收集信息开始的，收集的信息主要包括以下三个方面内容：

　　1）建造地点相关的一切信息。不仅仅是地理上的一个位置，而且是社会和文化生活中的一点，建筑地点要实地去参观、考察，步行走过，驾车经过，如果可能的话，从空中俯瞰，在地形图、地理图、交通图和气象图上仔细地研究，收集当地的经济文化信息、区域地理文化特征，必要时与当地人交谈一下，了解当地的人文习惯，任何的地

形、城市规划、建筑规范、标准都是要考虑的因素。

2）业主的需求。业主需要和愿望的清单，包括对这个建筑所期望的样子的说明，这个建筑的内容、作用，为哪些群体而建，这个建筑在社会上起到什么作用，如何与城市结构联系起来等一系列问题。

3）预算。设计最终都会转化为资金，所以任何设计都必须考虑预算，它对工程设计起控制作用，很有价值。

在了解了地点、业主的需求和预算之后，建筑师就要开始建筑创作的思考，尽管一百个建筑师有一百种思考方式，思考的结果也大不相同，但大部分的建筑师都采取了相同的创作程序和表达方式，他们会把已有的信息进行分类整理，在一个层次列表中布置工程中的每个空间，根据大小、最优方位、位置和功能的不同来赋予不同的优先权。然后尝试将这些空间进行组合、变换，将涌入脑海里的第一个想法画下来，这是第一个概念示意图，然后看看是否满足既有的限定条件，建筑思考的过程需要协调数以千计的变量，而且每个变量的取值范围都很大，第一个概念往往只是思考的开始，先决定一些主要的变量，看看是否合适，如果不合适的话，就推翻重来，这样的过程要进行很多次，脑海里会涌现出许多不同的解决方案，对每一个方案都要进行审视和判断，以决定取舍，当一个方案渐渐在脑海里形成的时候，它已经历了反复的思考，这既是一个艺术创作的过程，也是一个技术融合的过程，结构、机电、管道的因素都要考虑进来，有时建筑师还需要咨询其他专业的顾问来决定取舍，一个好的建筑创意应当使建筑师感到兴奋，其兴奋感来对设计要素，如空间、光照、动态感、均衡、比例、韵律、色彩等的完美控制。

但建筑师的工作还没有结束，方案还要进行深入的探寻，不要急于定下来，看看其设计风格是否契合业主的建筑理念，是否与当地的文化、环境相融合，以尝试赋予建筑某种象征和意义。

在设计过程中，建筑师要运用多种手段来帮助自己进行构思、寻求灵感、成果展示，最传统的方式是建筑示意图，尤其是手绘的草图，这是建筑师的基本功，也是建筑师使用最多的方式，然后是模型，建筑师喜欢采用各种简单的材料，如纸板、泡沫塑料、彩纸、金属丝等制作简单的模型，以看看方案的效果如何，从各个角度来审视建筑模型，看看空间的构成是否让人满意，然后尝试对模型做些改变，是否可以得到更有冲击力的方案。模型不仅是建筑师创作的手段和工具，而且也是将方案展示给外界的最佳方式之一。

随着计算机技术的发展，计算机三维动态可视化设计技术也成为建筑师的设计工具，建筑师可以适时地对建筑方案进行构思、调改，从任意角度对方案进行审视、评估，以电子化的方式进行创作，而且很容易进行方案的修改和成果打印输出，是一种非常便利的方式。但电子化的图像往往看起来太过完美，仅仅依靠电子化的方式往往会给人错觉，图片看起来很美，但实际效果却差很多，所以电子化的方式仍然只是作为一种辅助方式，传统的手绘草图、建筑模型仍然是建筑师最钟爱的方式之一。

建筑创作并不仅仅是建筑空间的堆砌，而且通过空间的有机组合，创造既富于美学价值，又具有实用价值的艺术品。建筑师通过创造性设计来满足需求、传递理念、塑造文化。

方案创作完成，仅仅是设计工作的开始，如果方案最终被业主批准，那么设计才会全面展开，结构、机电专业之前仅仅作为建筑师的顾问，主要在为建筑方案的可行性提供相应解决方案，如果建筑方案被批准，结构、机电专业也开始进行设计。

设计分为方案、初步设计和施工图设计三个阶段。遵循从方案到细部的思路来一步步解决问题。其中，初步设计阶段最重要，要决定大部分的技术方案，使建筑方案从一个漂亮的模型成为一个工程技术上可实现的建筑实体，这是很关键的一步。最终在施工图设计阶段，所有的设计都转化为可实施的蓝图。建筑师在整个过程中，要起到总体协调和控制的作用，确保其建筑理念得到贯彻。

业主在这个过程中，就是要把建筑师需要的信息提供给他，建筑师也会征询业主的意见，合作的过程就是一个信息交换的过程。如果业主采用招标的方式来选定建筑师，那么在招标之前就要认真准备一份设计任务书，把自己的想法和需求都告诉建筑师，在通过招标程序确定建筑方案以后，仍然有必要和建筑师将之前欠缺的沟通补上，对建筑方案进行有限度的调改，使之更符合业主的需求，之所以是有限度的调改，是因为招标是一个严肃的法律过程，通过招标选定一个方案然后又要求建筑师推翻它重新来过，既不合理，也不合法。

业主和建筑师关于设计需求的沟通是一个长期的过程，贯穿设计过程的始终。其集中的交流有两次：一次是在方案招标前后，围绕设计任务书展开；一次是在初步设计阶段，关于基础设计参数和技术方案的选择，我们本章要讨论的主要是这两次交流的过程，即业主如何围绕这两次过程把自己的需求专业化地传达给建筑师。

4.2 设计元素及其表达

4.2.1 建筑师需要了解的总体情况

建筑师需要了解的总体情况见表4-1。

表4-1 建筑师需要了解的总体情况

序号	内容	说明
1	项目的业主信息	不仅是业主的名称，还应包括业主的机构设置、工作方式、人员构成、公司文化等信息
2	项目地址和用地范围，建设用地钉桩报告	钉桩报告明确了项目的用地范围，也是项目设计的红线范围
3	投资总额	可行性研究报告已明确
4	项目的规模	可行性研究报告已明确
5	功能的总体情况	设计任务书中应作相应说明，或单独编制项目的功能需求报告
6	规划条件	见规划意见书
7	建设期	可行性研究报告已明确
8	周边环境情况	应经过调研后，提供专项说明
9	市政配套资源信息	可行性研究报告已有说明
10	地质和气象资料等	可向地质和气象部门咨询

4.2.2 总平面设计的设计元素及其表达

1. 总平面设计的主要规划指标

总平面设计的主要规划指标见表4-2。

表4-2 总平面设计的主要规划指标

序号	指标	概念	说明
1	用地范围	即项目的红线范围	
2	总建筑面积		
3	容积率	总建筑面积/总用地面积	通常不包括±0.000以下建筑面积
4	建筑密度	建筑基底总面积/总用地面积	
5	绿地率	绿地总面积/总用地面积	
6	建筑高度		
7	建筑退红线距离		
8	停车数量		

上述技术参数以满足规划条件为前提。

2. 建筑物的布置

建筑物的布置是总平面设计的核心内容，包括建筑物的平面和竖向布置。实际上，建筑物的布置和功能分区的布置是密不可分的，业主所要做的最主要是把功能分区的特点和关系说清楚，至于建筑物如何布置，设计成什么形状，是将所有的功能分区整合到一栋建筑物里，还是不同的建筑对应不同的功能区，实际上是由建筑师来提供方案，由业主来选择。除非业主有强烈的需求，必须将某项功能独立设置到一栋建筑物里，并放置到特殊指定的位置。这些都是业主在需求中要特别说明的内容。下面分别将建筑物布置需要明确的需求内容说明如下：

(1) 功能分区

此处所指的功能分区是在一个较大层次上的功能划分，如一个电视台划分为节目制作、节目播出、行政办公、后勤服务等功能区，一个医院划分为住院部、门诊部、后勤区等功能区。功能分区体现了项目的主要特性，也是建筑师关注的重点。对每个功能分区都要详细说明其规模、服务人员的数量、工作特点和流程、对空间的需求情况，对较大空间更要着重说明其空间尺度要求、对交通的要求、与外部环境的关系、安保的需求等，还有一点是各功能分区之间的主次关系、位置关系、功能联系等信息也要认真说明。

(2) 建筑物的布置方式和布置位置

建筑物如何布置，许多业主会有自己的想法，优秀的方案也不会是唯一的，建筑师会非常希望业主有自己的想法，这样建筑师在充分满足业主想法的基础上，提出自己的方案，更容易入围，也更容易满足业主的需求。但如果业主想给予建筑师充分的自由，得到更具创意的方案，业主会忽略此项需求，或者仅仅提出一些框架性的、简单的要求。

(3) 与周围环境的关系

与环境融合，并能给人带来舒适感觉的建筑才是好建筑。建筑不能与所处的自然环境和人文环境分开，从城市的角度来说，建筑的风格要与城市的整体氛围和人文精神契合；从建筑自身来说，建筑要带给其周边及其中的人员以舒适的感觉，要有良好的景观、优良的通风、与周围的建筑相协调，并具有独特的个性。在建筑技术角度上，涉及建筑的高度、位置、朝向、体量、风格、形态等一系列问题，有的项目业主会对此有自己的想法，那么把自己的想法告诉建筑师，建筑师在构思方案时会加以考虑。

3. 道路和出入口的设置

交通永远是一个项目方案设计时考虑的重点，其内容包括道路和出入口的设计、数量、性质、尺寸、位置等，但这些并不是业主在需求中要明确的内容，而是建筑师根据业主需求要设计的内容。业主在需求中需要明确的是，在项目使用过程中，可能存在的不同交通流及其性质。交通流主要包括车流和人流，车流根据车辆类型、行驶路线、工作内容、安全防护等的不同，又可细分为不同的车流，每种车流都应详细明确其车辆的特点、行驶的路线、停靠的位置、工作方式、数量频次、安全防护内容等要求。人流又可分为工作人流、访客人流、贵宾人流等，每种人流同样要明确其人员特点、数量、行走路线、限制范围、流量特点等。如果业主希望设置专门的自行车道，也可单独提出。上述车流和人流的信息都是进行道路和出入口设置的基础，如果缺乏相关资料，则应进行现场调研，弄清车流和人流的规律。

4. 安全与管理的需求

安全与管理的需求往往对总平面的设计影响较大。其中，安全主要是指不同的功能区域安全防范的级别和措施不同，会导致在总平面布置上做相应考虑，如安防级别高的区域，需要有大的安全纵深，则需要设置在远离出入口的地方，如有的功能分区需要设置围栏，需要布置在一个相对独立的区域，安防防护等级相差较大的功能分区不应放置在一栋建筑物里或紧密相邻等。安全与周围的环境也有关系，应避开周围环境带来的安全风险。

管理的因素也会对总平面布置带来影响，不同功能分区的开放性、管理模式、管理团队不同，甚至外部协作条件差异较大，都应在物理平面上加以分割，以方便项目运营中的管理。

所以项目管理者要将项目在安全和管理方面的需求认真传达给建筑师，才能得到一个充分符合自己需求的建筑。

5. 绿化与景观的需求

绿化与景观的需求主要从以下几个方面入手：

(1) 规划条件的限制

规划条件中，相关指标如绿地率、容积率、退红线距离、绿地的规模和性质等都会对园林设计造成影响。

(2) 风格的需求

园林风格主要分为东方式和西方式两大类。东方式又以中式、日式和东南亚式为代表。现代园林设计多是吸收了古典园林的一些设计元素，并结合了现代科技、材料和设计理念的复合风格。

(3) 功能的需求

景观的功能通常包括美化环境、休闲娱乐，此外，有些景观还要承担聚会、媒体拍摄外景、视线阻隔、展示等功能，视项目需求而定。

（4）景观设计构成内容的需求

景观设计分为硬质景观和软质景观两大类。这部分的内容是园林设计的内容，一般由园林设计师提出设计方案，供业主确认，但业主如果特别想拥有某些设计元素，也可以单独提出。

（5）从使用维护角度提出的需求

如植物的选择，灌溉方式的选择，是否采用雨水回收和利用系统等，植物的选择有地域性，应选择生存能力强、易于维护管理的品种。

6. 室外停车场的设置

由于地面停车场非常占用空间，所以城市项目多采用室内地下停车的方式，如确实需要设置室外停车场，可采用停车楼、机械式立体车库等方式，这就需要提供位置、形式、规模（停车数量）、停车的种类及其参数等需求信息，建筑师在方案设计时会加以考虑。

4.2.3　建筑设计的设计元素及其表达

现在进入单体建筑的讨论。单体建筑由一系列的单元空间组成，一些单元空间又组成较大的功能分区。建筑师需要将这些单元空间，乃至功能分区有机地组合到一起，赋予其独特的形体、外貌，既美观又满足相应的功能。如何组合是建筑师要解决的问题，但建筑师需要一些重要的信息，才能保证既提供一个优美的建筑，同时又满足业主的需求。这些信息包括：

1. 单元空间的分类、数量、特性

建筑物内部有各种各样的功能空间。有一部分是公共空间，如电梯间、楼梯间、管道井、大堂、设备间、电信间、走道等，提供公共服务的功能；另一部分是具有独特功能的、针对专门人群的使用空间，如最常见的办公室、会议室、客房、演播室、录影棚、电影放映室等。对于每一个空间，需要先将其分类，然后按照不同的类别，分别阐述对每一类空间的性能需求，空间的性能指标很多，我们不可能在方案招标时将所有的性能指标都提供得很完备，有些是需要建筑师为我们来提供不同的方案以进行选择。但建筑师在进行方案构思时，需要一些必要的指标，如功能特点、大小等，我们提供的指标越多，建筑师提供的方案就与我们的期望越接近。有些时候，建筑师可能会给我们一个更好的选择。所以，空间指标的完善是一个渐进的过程，在整个设计过程中都在不断完善、调整。

下面我们来看看建筑空间有哪些性能指标，这些指标的参数又该如何确定。

(1) 大小

表明空间的尺寸，一般用建筑平方米来表示，由空间的功能需求决定。确定空间大小的方式一般有三种：一是来源于规范标准，剧场有剧场设计规范，酒店有酒店设计规范，各个行业还有相应的设计标准等；二是来源于设计顾问的经验数据，这是设计顾问在长期设计实践中形成的宝贵数据；三是来源于业主或使用者自身的调查研究总结，没有谁比使用者本身更明白自己的需求了。同时需要注意的一点是，各类功能用房总建筑面积之间的配套比例关系，一定要合理。

(2) 形状

除了大小，形状也会决定空间是否好用。在这里我们仅是指平面形状，因为空间多为矩形，所以形状主要是指长宽的比例。当然也有各种多边形和异形的存在。长宽的比例要根据使用的需求来定，有声学要求的房间对长宽高的限制更为严格，必要时要请声学顾问来进行设计。确定空间形状同样需要依据规范、经验数据来定，或经过调查研究来定。

(3) 高度

空间的高度我们要重视两个数据：一是层高，二是净高。按照建筑面积计算规范，层高大于 2.1m，才能计算全部建筑面积。要保证室内有合理的净空高度满足使用，一是层高要合理，二是管线布置合理，不占用过多的室内高度。从需求的角度来看，提出净空高度的要求更关键。

(4) 保温

是否有温度需求，如一些房间有恒温要求，将室内的温度维持在某个区间。

（5）湿度

是否有恒湿的需求，即将湿度维持在一定区间。

（6）隔声

建筑不管是外墙还是室内维护墙体，都要进行隔声设计，并有相应的隔声设计标准规范，如针对民用建筑的隔声设计规范，各类特殊用房还有相应的设计标准，如果有超出规范的隔声要求，或规范没有明确，均要认真提出来。

（7）防水

一些空间如卫生间、浴室、给水排水机房、空调机房、热力机房等，在正常使用过程中，或检修时都会有水存在，则需要考虑防水做法。

（8）排水

在使用中或检修时会有大量的水的情况下，要考虑排水措施，与防水要求相配套。

（9）出入口的位置、数量、大小

按照规范标准，每个空间都需要有一个或多个出入口，对出入口的位置和大小也都有相应的规定，如果一个空间有超出规范要求的需求，如更多的出入口和更大的尺寸，应专门提出来。

（10）楼板的承重要求

按照相关结构荷载设计规范，对每类用房的结构荷载都有相应的数据。如果空间有超出结构荷载规范的要求，则需要单独提出来。结构荷载有两种形式：一是均布荷载，单位是 kN/m^2；二是集中荷载，需要明确荷载的大小和位置。

（11）采光照明

采光是指自然采光，照明是指人工照明，从人员健康和节能的角度，一个空间应具备自然采光的条件，按照规范设计合理的窗地比。但所有房间都必须具有人工照明，人工照明涉及照度标准、照明方式及灯具选择等一系列问题，所以一个空间如果对其是否需要自然采光，以及人工照明方式、照度标准和灯具选择有特殊要求，都需要专门提出。

（12）遮阳

遮阳的作用有两个：一是遮光，二是隐私。遮阳的方式也有很多，可请建筑师提供多种方案来选择。只需要明确是否需要遮阳。

（13）空调通风方式

通风的方式分为自然通风和机械通风两种。一般来说，再好的机械通风，从舒适性来说，也无法替代自然通风，所以多数情况下，自然通风还是必要的。但也有另一种理念，从节能以及空气净化的角度，单纯的机械通风会更好。机械通风往往和空调系统结合到一起，共同实现空气调节的功能。空气调节的方式有几种，如全空气系统、风机盘管系统、分散式空调系统等，要通过需求来明确。

（14）采暖

北方寒冷地区冬天需要采暖，传统的方式有热水入户、室内敷设地暖或暖气片的方式，可以市政集中供暖，也可以自己制备热水供暖。另一种方式是采用中央空调，因为空调可以供冷，也可以供热，还可以实现空气净化的功能，但造价要高。

（15）供水

是否需要供水，有供水的地方一般需要排水。

（16）配电

每个空间都需要将电源配置到位，供给不同的功能需要，如生产、照明、电器等，每个电源的特性（电压、电流）、容量、位置、数量、接口方式都应该明确。

（17）网络和电话

网络接口非常重要，要明确一个空间内所需要的网络接口的类型、数量和位置。固定电话接口通常和网络接口配置在一起，也需要明确其数量和位置。但现在固话接口由于手机的普及，通常已不需要了，可根据项目的需求来定。一个网络接口通常要配置一个电源接口。

（18）布线方式

每个空间都有线缆要布设，线缆主要包括电源线和数据线两大类。机房的线缆数量尤其庞大，而且经常要对布设的线缆进行维修、更换，所以布线方式很重要。布设明线不美观也不安全，所以现在已很少采用这种方式。其他方式，一是布置在吊顶里；二是布置在地面上，在地面上通常又分为布置在架空地板和布置在地沟两种方式；三是布置在墙面上。每种方式各有优缺点，可根据项目的特点论证使用。

（19）安全需求

安全防护是一项非常专业化的需求，每个项目的特点不同，其安防需求也不同。首先必须要有一个经过充分论证的安防总体方案，然后再具体到每个空间的安防措施，安防措施包含很多，包括墙体做法、窗户和门的做法、纵深防护、网络安全、用电安全、监控报警等，不再一一赘述。

（20）装饰需求

每个空间有哪些装饰需求，从功能、风格、材料选用、造价标准等都可以提出。

上述的单元空间的性质，可视业主的需要，在方案设计、初步设计和施工图设计阶段分别提出相应的需求，或者由设计方进行设计，业主确认即可。

2. 单元空间之间的关系

上面讲述的是单个空间需要明确的一些需求信息，但单元空间之间的关系也是重点，单元空间进而会组成功能分区，功能分区之间的关系也是重点。

不管是单元空间之间的关系，还是功能分区之间的关系，主要体现为主次关系、配套关系、工艺关系、协作关系、方便有利原则几个方面，具体显现为各空间之间的水平和竖向位置关系，以及管线联系、交通联系等。

3. 工作人员的工作内容、人员数量、工作流程及特点、工作文化

工作人员的工作内容、数量、工作流程及特点、工作文化等都是建筑师非常希望能够了解的内容，这些信息不仅能够帮助建筑师有效满足功能需求，而且有助于设计出更贴近人的精神需求、更具有人性化的建筑。

4. 关于外墙的要求

现代建筑多采用幕墙作为外墙，甚至将传统上独立的屋面工程也纳入幕墙体系来整体考虑，以求得外观效果的整体和谐与统一。幕墙的形式多样、效果丰富、场外加工精度高、现场安装快捷，能够很快实现现场封闭，为后续工程提供条件，所以幕墙工程现在应用甚广。除了一些低层和多层建筑可以考虑采用传统的墙窗形式外，现在的高层建筑，采用幕墙是不二的选择。

幕墙的需求主要体现在以下几方面：

（1）功能

明确外墙所需要满足的功能，如装饰、保温、防水、隔声、遮阳、遮光、采光、通风、安全防护等一系列功能，特别要注意是否有超出幕墙规范要求之外的功能需求。

（2）造价

最好有一个范围，以每平方米造价为准，从几百元到几千元，方便建筑师进行方案选择，也有利于造价控制。

具体的幕墙形式和材料选择要求，可参见本书第 6 章。

✔ 4.2.4 结构设计的设计元素及其表达

涉及结构设计方面的需求，业主往往都非常慎重，因为事关结构安全，规范对结构设计的参数选用、结构选型、计算分析等全过程都有非常详尽而明确的规定。只有在涉及功能、造价时，业主才可以对结构的方案选择提出自己的要求。

建筑方案招标前，并不需要特别提供结构方面的需求。但建筑师在进行方案设计时，要提供结构配套方案的概念设计，尤其是一些异形的建筑，结构设计的可建性和造价控制就显得很重要。

在初步设计阶段，就要对结构设计方面的参数进行详细的论证，作为结构设计的依据，这些参数包括基本设计参数、结构选型、荷载要求等。业主还需要根据项目的具体情况委托进行岩土详细勘察、场地的地震安全性评价、风洞试验等，这些都是要为结构设计提供依据。同时，在初步设计阶段，对结构选型要进行重点评估，做到安全和造价的综合最优。具体可参见本书第6章。

4.2.5 机电设计的设计元素及其表达

1. 建筑电气

在项目可行性研究阶段，项目管理者已咨询过供电部门，并取得了项目的外部供电咨询方案。这是项目的外部供电条件。

在方案设计阶段，仅仅是对项目概况、外部供电条件、基础设计参数和变配电概念设计的一些简单说明，还需要在初步设计阶段进一步落实。

在初步设计阶段开始后，不管是外线供电，还是项目变配电设计，都要委托进行。外线供电设计一般由业主委托供电部门认可的设计单位进行设计。内外线的设计要明确设计接口，这是业主要关注的重点之一。

在初步设计阶段，业主和设计单位要重点关注以下几个问题：

1）用电负荷计算。在可行性研究阶段，已对项目的总体负荷进行过估算，但在初步设计阶段，在建筑方案确定的基础上，要对各功能区域的用电负荷进行较为准确的计算和汇总，并作为项目的整体用电规模，同时也作为项目供配电设计的依据。用电负荷定得低了固然不行，定得过高则会显著增加造价，造成浪费。

2）确定各功能区域的负荷等级。负荷等级共分三级，不同的负荷等级供电的安全性要求不同，相应的供电方案也不同。

3）确定各功能区域的供电方案。以及整个项目的外部供电方案。根据负荷等级和规模的不同，要采用相应的供电方案。如为增加项目整体的供电安全性，要采用两路或三路外部独立电源供电的方式。为增加功能区域的供电安全性，还可以采用不间断电源（UPS）或自备发电机的方式。每路电源的规模、性质也是供电方案要确定的内容。

4）在确定供电方案的基础上，要进行变配电所的位置选择、机房设计、主要变配电设备和电缆的选型等。

上述内容都是在初步设计阶段要解决的重点内容，不仅涉及供电安全性、可靠性，也涉及工程造价、功能的满足与否，业主要认真提

第4章　设计需求的专业化表达

51

出需求。

2. 给水排水

在项目可行性研究阶段，已与市政部门协调取得了项目的给水、排水和热水的供给条件。

在方案设计阶段，给水排水设计主要是关于给水排水设计的基础参数，以及各水系统的概念性设计方案。在方案设计中，业主要明确项目要具备哪些水系统，有些水系统是必需的，如给水系统、排水系统、消防水系统，有些水系统是根据项目的功能需要而增加的，如空调水系统、中水系统、热水系统、直饮水系统、景观给水排水系统、游泳池水系统、水疗水系统等，有些水系统还需要专业的设计顾问来进行设计，设计内容最终要体现在设计合同之中。方案阶段水系统的设计深度要求可参见设计深度规定。

在初步设计阶段，给水排水各系统的设计全面开始，有以下几项内容涉及项目的需求和造价，要重点关注：

1）复核确定各水系统的基础设计参数，如用水量、排水量、雨水量、中水量等，详细复核项目的需求，确定一个合理的设计基础参数，在满足需求的基础上留出合理的余量。

2）确定各水系统的技术方案及各水系统的覆盖范围，并将相同或相似的水系统尽量融合到一起，融合涉及设备和管线的选择，以及机房的布置，形成整体的给水排水方案。

3）给水排水设备和管线的选型、机房的布置和管线的排布，不仅要满足需求，同时要紧凑、美观、方便检修。

上述内容是给水排水专业在初步设计阶段要解决的重点问题，至于给水排水末端设施的选择，将在装修阶段确定。

3. 暖通空调

在方案设计阶段，暖通空调专业主要是关于系统设计参数，以及系统形式的概念性说明。按照设计深度文件规定，暖通空调专业在方案设计阶段要说明以下内容：工程概况及暖通空调的设计范围、暖通空调的室内设计参数及设计标准、冷热负荷的估算数据、采暖热源的选择及其参数、空气调节的冷热源选择及其参数、暖通空调的系统形式及控制方式简述、通风系统概述、防烟排烟系统及暖通空调系统的防火措施简述、节能设计要点、废气排放处理和降噪减震等环保措施，等等。内容很多，但主要是简述和概念性说明。

在初步设计阶段，要将上述的参数和技术概念完全落实下来，形成真正的技术方案。涉及业主的需求，也涉及不同技术方案的比较、造价的控制等，要认真研究。

室内设计参数、设计范围、冷热负荷的估算是暖通空调的设计基础，在初步设计阶段要重点复核确定。

技术方案要包括系统设计、控制方式、机房的设计、设备和管线的选型、主要管线的布置、空调末端的设计等。

在确定暖通空调技术方案的过程中，要面临多种技术和造价的综合选择：如采暖方式有水暖和空调两种方式；通风有自然通风和机械通风两种方式；空调有全空气系统、风机盘管系统和分散式系统多种方式；空调冷源通常需要项目自制，热源可以采用市政热源，也可以项目自制；空调水系统可以采用两管制、三管制或四管制等，不同的功能区域因为需求不同，往往采用不同的空调方式。

通风与空调系统的机房和管线设计要重点关注，因为通风与空调的管线尺寸较大，对室内净空影响较大。

✅ 4.2.6 弱电设计的设计需求

弱电工程的设计和施工有两大特点：一是时间比较滞后，二是专业性比较强。弱电工程施工一般在装修阶段进行，其设计和施工一般由专业的弱电承包商来进行。但弱电工程与整体工程进度密切配合的内容是弱电工程的预留预埋，包括弱电机房的设置、弱电管井及弱电线槽的留设等，这就要求弱电承包商在初步设计阶段要招标到位，同步进行弱电工程的设计，与建筑师密切配合，这样对工程项目的设计效果最优。在弱电承包商无法就位的情况下，建筑师只能根据通用的设计经验来进行弱电预留预埋的设计。

弱电工程的设计任务书主要应明确以下两点：

1）应符合《智能建筑设计标准》（GB 50314—2015）的要求，拟建设的建筑智能化系统通常包括通信网络系统、计算机网络系统、综合布线系统、有线电视及卫星电视接收系统、公共广播系统、信息导引及发布系统、会议系统、物业运营管理系统、智能卡应用系统、建筑设备管理系统、安全技术防范系统、智能化集成管理系统等，业主根据自己的需要来确定。

2）对于各智能化系统，应详细说明各系统拟达到的功能要求，以及相应的技术要求，包括软件和硬件。

进入初步设计以后，将对各建筑智能化系统的设计参数、技术方案、系统结构、设备选型、机房布置、线缆布设进行深入设计。

由于建筑智能化系统的发展和更新非常迅速，最新的智能化技术通常会掌握在先进的生产商手中。业主对于建筑智能化的技术和发展通常并不在行，因而对于如何提出建筑智能化系统的设计需求，建议邀请专业的智能化设计顾问来进行。

本章工作手记

本章讨论了如何将业主的需求转化为专业化的设计语言，以提高业主与设计师的沟通效率，见下表。

分项	内容		
概述	了解建筑设计的过程，像建筑师那样思考		
设计需求的专业化表达	建筑师要了解的总体情况		
	总平面的设计元素及表达：规划指标、建筑物布置、道路及出入口、安全与管理、绿化及景观、室外停车场		
	建筑专业的设计元素及表达：单元空间的性质、单元空间之间的关系、工作人员的特点、外墙的要求		
	结构专业的设计元素及表达：设计参数、荷载、结构选型		
	机电专业的设计元素及表达	建筑电气：设计参数、供配电技术方案、设备选型及机房设计	
		给水排水：设计参数、各水系统的选择和技术方案、设备选型及机房设计	
		暖通空调：设计参数、供暖通风空调的技术方案、设备选型及机房设计	
	弱电专业的设计元素及表达：建筑智能化系统的选择、功能需求、子系统的技术方案、设备选型及机房设计		

第5章

设计合同是项目管理的
纲领性文件

本章思维导读

　　设计合同不仅明确了业主和设计方之间的责任和义务，同时要对后续的设计阶段及施工阶段的设计工作进行整体规划，明确合作方式和有关要求。如果将建筑工程设计看做是建筑工程项目的一个子项目，那么设计合同可以看做是这个子项目的一个项目集成管理的文件，对设计管理过程中的范围、质量、进度、造价、风险、采购、信息、人员等各要素的管理，都要进行总体规划和安排。

5.1　人员管理——设计方的组成及其相互之间的关系

　　人是决定一切的首要因素，设计管理的首要任务就是要选择合适的人员来承担设计工作。那么第一个问题是，参与设计工作的都会是哪些人呢?

✅ 5.1.1　设计方的组成

　　建筑工程（此处仅讨论民用建筑）的工程设计方是一个综合的概念。从项目的前期阶段到工程的施工阶段，都会不断有新的设计方参加进来，共同完成工程项目的设计工作。设计方的组成如下:

1. 主设计方

即业主通过方案招标选定的设计方。不仅提供工程主体的建筑、结构、机电设计等，同时还要提供设计综合、协调、施工配合等相关的服务。主设计方通常是综合设计院，或者是建筑师领衔的建筑设计事务所。主设计方相当于设计总承包，本章所要讨论的设计合同也是与主设计方来签订。

2. 工艺设计方

为工程项目提供特定使用功能的专业设计及相关的服务，如电视台项目需要电视工艺设计方；剧场项目则需要剧场工艺设计方。工艺设计的专业性较强，往往是主设计方所欠缺的。

3. 深化设计（二次设计）方

某些特殊工程，如钢结构、幕墙、弱电、改造工程等，通用的设计规则通常不能表达到施工的深度，需要对施工图进行深化设计，以满足施工安装、材料准备、预算等的需要。深化设计方一般由施工承包商或系统集成商构成。深化设计是在主设计方提供的施工图的基础上进行的，其深化设计须报主设计方审核批准，才可以交付施工。

4. 市政设计单位

按照行业内习惯做法，电力、热力、网络通信等专业的大市政配套工程应由具备相应资质的市政设计单位来设计。

5. 专业的设计顾问

在大型的工程项目中，还存在大量的专业设计顾问，如厨房、标识、景观、装修等，提供专业的设计咨询服务。

✅ 5.1.2　设计方之间的相互关系

对于如此众多的设计方，如何来安排他们之间的相互关系，明确他们之间的合作模式，是业主必须在合同中加以明确的问题。由业主亲自来协调是不现实的，业主往往缺乏相应的技术能力，也没有相应的协调管理能力。一个合理的想法是，我们找一个设计管理总承包来帮助协调，业主通过建筑方案招标及设计合同谈判确定的主设计方，同时也应该是我们的设计管理总承包，建筑师是主设计方的技术主导者，同时也应是设计管理的主导者，在业主的授权范围内对整个设计过程进行全面管理。

其他的设计方虽然常常是由业主另行通过招标或其他方式来选定的，由业主亲自和他们签订合同，但也存在另一种可能，业主将某些专业设计顾问的选择纳入主设计方的工作范围，由主设计方和专业设计顾问来签订合同。但不管如何选定其他设计方，主设计方对于工程设计的总体协调管理职责是不变的。如图5-1所示为各设计方之间的关系，其中，实线代表了合同委托关系和隶属关系，虚线代表了设计协调的关系。

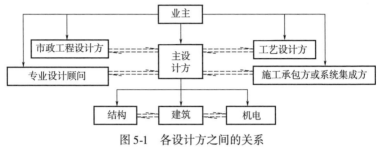

图5-1　各设计方之间的关系

从图5-1可以看出，主设计方位于设计协调管理的中心，它不仅要协调其他各设计方，还要对自身的多项专业设计进行协调。在设计合同中，我们不仅要明确主设计方的专业设计内容，也要明确其设计协调管理的作用。

有些情况下，主设计方并不是一个单一的设计主体，而是由两家设计主体联合构成，如项目的建筑方案采用国际招标或采用EPC工程总承包模式。如建筑方案采用国际招标，国外建筑师通常完成方案设计，或者到初步设计，剩余的施工图设计由国内设计院完成。如采用EPC工程总承包模式，设计方完成到扩大初步设计，后续的施工图设计则交由工程总承包商去完成。

在两个设计主体的情况下，要合理安排设计主体之间的合作关系及责任划分。两个设计主体的工作范围通常以设计阶段来划分，在各自承担的设计阶段内为主，在对方承担的设计阶段内为辅。对于专业设计范围和项目管理的工作范围也都以此原则来划分。

5.1.3　对于人员的选择

设计合同中应明确主设计方设计团队的构成，尤其是关键的专业负责人，主建筑师、结构工程师、机电工程师，以及负责总体协调的项目管理负责人，建筑师也会承担项目管理的部分职责，但主要是技术的协调，在综合设计院体制下，主设计方往往会指定一个具有一定层次行政职务的人来担任项目管理的负责人，这样有利于调动资源，统一协调。对于这些关键人员，业主应重点加以考察，并在合同中明确下来，除非业主同意，不得随意更换。

5.2 范围管理——设计方及相关各方的工作范围

主设计方不仅要为业主提供专业设计的服务，而且还要提供设计阶段和施工及竣工阶段的项目管理服务。

✅ 5.2.1 设计方的项目管理服务范围

表5-1为设计阶段设计方的项目管理服务范围及责任分工，表5-2为施工及竣工阶段设计方的项目管理服务范围及责任分工。当然每个工程的具体情况不同服务范围也会有所差别。

✅ 5.2.2 设计方的专业设计服务范围

专业设计的范围主要包括建筑、结构、机电、弱电（建筑智能化）四部分的设计。机电包括建筑电气、给水排水、暖通空调、热能动力等专业的设计，弱电（建筑智能化）工程则包括建筑设备管理系统、结构化布线系统、通信网络系统、计算机网络系统、安防系统等专业。

上述的专业设计按照方案设计、初步设计及施工图设计三个阶段进行。

表5-3为方案设计阶段专业设计服务范围及责任分工表，表5-4为初步设计阶段专业设计服务范围及责任分工表，表5-5为施工图设计阶段专业设计服务范围及责任分工表，但每个工程项目的具体情况千差万别，还需根据工程的实际情况进行调整。

表 5-1　设计阶段设计方的项目管理服务范围及责任分工

编号	设计阶段	服务内容	业主	主设计方（建筑师）	工艺设计方	其他专业设计顾问	施工承包商或系统集成商（深化设计方）	市政设计单位	备注
1		确认设计任务书	○						
2		确认本合同与本工程其他合同所涉及的设计内容的界面	○	△			△		
3	方案设计阶段	协调各设计方的工作编订详细的设计进度计划	○	△	△		△		
4		建筑方案设计		○	△	△	△		
5		结构方案设计		○	△	△	△		
6		机电方案设计		○	△	△	△		
7		委托勘察、测量、试验等	○	△					
8		工艺设计	△	○					
9		方案设计的法规核查		○					
10		方案设计报审之前与有关部门协商	○	○					

序号	阶段	工作内容						
11	方案设计阶段	准备方案设计图纸和说明书	○					
12		渲染图	○					
13		建筑方案模型	○					
14		投资估算	○	△				
15		对方案设计进行确认		○				
16		完善报审设计图纸和说明书	○					
17		方案设计报审	△	○				
18		在方案审查会上向国家建设行政主管部门进行演示说明	△	○	△			
19		对方案设计进行必要的修改	○					
20	初步设计阶段	协调各设计方的工作（设计进度及质量的控制）	○					
21		建筑设计	○	△	△	△	△	
22		主要建筑材料装饰材料的选择	○	△	△			
23		结构设计	○	△	△	△		
24		机电设计	○	△	△	△		
25		工艺设计	△	○	△			
26		初步设计的法规核查	○					

（续）

编号	设计阶段	服务内容	业主	主设计方（建筑师）	工艺设计方	其他专业设计顾问	施工承包商或系统集成商（深化设计方）	市政设计单位	备注
27		相关专业的报批	○					△	包括规划、抗震、人防、消防、园林、交通、环保及市政条件等项目
28		初步设计报审前与主管部门协商	○	△	△	△			
29		准备初步设计图纸和文件	○						
30		建筑模型及渲染图	○	△					
31	初步设计阶段	设计概算	○	△	△	△			
32		按照业主的造价控制要求对初步设计进行调改	○	△	△	△			
33		初步设计的确认	○						
34		完善报审设计图纸和文件	○	△	△	△			
35		初步设计报审	○	△					
36		在审查过程中对初步设计进行解释和说明	△	○					
37		对初步设计进行必要的修改	○	△	△	△			

序号	阶段	工作内容						备注
38		协调各设计方的工作（设计进度及质量的控制）	○					
39		建筑的施工图设计	○	△	△	△	△	
40		设备和材料的进一步选择	○	△	△	△		
41		结构和机电的施工图设计	○	△	△	△		
42		工艺施工图设计	○	△	△	△		
43		施工图设计报审前与有关主管部门协商	△	○				
44		准备施工图纸和文件	○	△	△	△		
45	施工图设计阶段	施工图预算	○	△	△	△		
46		对施工图设计进行确认		○				
47		施工图报审	△	○				
48		在审查过程中对施工图设计进行解释和说明	○	△	△	△		
49		对施工图设计进行必要的修改	○	△	△	△		
50		相关专业的报批	△	○				包括人防、消防等项目
51		编制招标文件（承包商及设备）	○	△	△	△		
52		招标工作	△	○				

注：○表示主要责任，△表示协助责任。

表5-2 施工及竣工阶段设计方的项目管理服务范围及责任分工

编号	阶段	服务内容	业主	主设计方（建筑师）	工程监理	施工承包商	备注
1	施工及竣工阶段	项目管理总协调	○	△	△	△	
2		施工组织设计	△	△	△	○	
3		图纸技术交底及答疑	○	△	△	△	
4		施工过程中的技术支持	○	△	△	△	
5		施工组织协调	△	○	△	△	
6		施工进度控制	△	○	△	△	
7		施工质量检查	△	○	△	△	
8		工程造价控制	△	○	△	△	
9		工地会议	△	○	△	△	
10		定期工地检查	○	△			
11		设备订货	○	△	△	△	
12		材料封样，样板验收	○	△	○	△	
13		设计变更	○	△	○	△	
14		工程洽商	△	△	△	○	
15		工程初步验收	△	○	△	△	
16		试运行	○	△	△	△	
17		工程竣工验收	○	△	△	△	
18		编制竣工报告	○	△	△	△	
19		各级政府部门及上级主管部门验收	○	△	△	△	

注：○表示主要责任，△表示协助责任。

表 5-3 方案设计阶段专业设计服务范围及责任分工

编号	专业类别	服务内容	主设计方（建筑师）	工艺设计方	其他专业设计顾问	施工承包商或系统集成商（深化设计方）	市政设计单位	备注
1	建筑专业	总平面设计	○					
2		建筑设计	○					
3		建筑模型	○					
4		渲染图	○					
5		防振、遮音、隔声设计	○	△				
6		声学装修	○	△				
7		电梯工程	○					
8		室内装修	○	△				
9		室外装修（含幕墙工程）	○	△				
10		园区景观设计	○					
11		消防及安全疏散设计	○					
12		人防设计	○					
13		室外工程	○					
14		直升机停机坪设计	○					
15		食堂设备	○					
16		擦窗机设备	○					
17		投资估算	○					

第 5 章　设计合同是项目管理的纲领性文件

编号	专业类别	服务内容	主设计方（建筑师）	工艺设计方	其他专业设计顾问	施工承包商或系统集成商（深化设计方）	市政设计单位	备注
18	结构专业	结构设计	○					
19		人防结构设计	○	△				
20		室外工程	○	△				
21	给水排水专业	建筑给水排水设计	○	△				
22		消防给水排水设计	○					
23		生活热水制备	○					
24		直饮水处理设计	○					
25		中水处理设计	○					
26		气体灭火设计	○					
27		游泳池水处理设计	○					
28		洗衣房给水排水设计	○					
29		厨房给水排水设计	○					
30		室外给水设计	○					
31		室外雨污水设计	○					
32		人防给水排水设计	○					
33		景观给水排水设计	○					

34	暖通空调专业	暖通、空调、防排烟设计	○	△
35		备用锅炉房设计	○	
36		厨房排风系统	○	
37		室外工程（暖通空调）	○	△
38		燃气工程	○	
39		热力工程	○	
40	电气专业	供电系统	○	△
41		配电系统	○	△
42		室内照明系统	○	△
43		景观照明系统	○	
44		供配电系统监控装置	○	△
45		防雷、防电磁辐射、接地系统	○	△
46		红线内室外管线	○	
47		建筑设备管理系统	○	
48		火灾自动报警系统	○	
49		公共安全防范系统	○	
50	建筑智能化专业	卫星接收及有线电视系统	○	
51		公共广播及火灾应急广播系统	○	
52		公共业务信息显示系统	△	
53		集成管理系统	△	
54		物业管理系统	△	

（续）

编号	专业类别	服务内容	主设计方（建筑师）	工艺设计方	其他专业设计顾问	施工承包商或系统集成商（深化设计方）	市政设计单位	备注
55	结构化布线专业	室内管线工程	○					
56		设备间	○					
57		交接间	○					
58		结构化布线系统	○					
59	通信网络专业	程控交换机房工程	○					
60		程控交换系统	○					
61		入网技术方案	○					
62		室外通信管道工程	○					
63		光缆线路接入工程	○					
64	通信网络专业	网络系统	○					
65		机房工程	○					
66		接入网工程	○					

注：○表示主要责任，△表示协助责任。

表5-4 初步设计阶段专业设计服务范围及责任分工

编号	专业类别	服务内容	主设计方（建筑师）	工艺设计方	其他专业设计顾问	施工承包商或系统集成商（深化设计方）	市政设计单位	备注
1	建筑专业	总平面设计	○				△	
2		建筑设计	○				△	
3		建筑模型	○					
4		渲染图	○					
5		防振、遮音、隔声设计	○		△			
6		声学装修	○		△			
7		电梯工程	○		△			
8		室内装修	○		△			
9		室外装修（含幕墙工程）	○		△	△		
10		园区景观设计	○					
11		消防及安全疏散设计	○					
12		人防设计	○					
13		室外工程	○					
14		直升机停机坪设计	○			△		
15		食堂设备	○			△		
16		擦窗机设备	○			△		
17		投资概算	○					

（续）

编号	专业类别	服务内容	主设计方（建筑师）	工艺设计方	其他专业设计顾问	施工承包商或系统集成商（深化设计方）	市政设计单位	备注
18	结构专业	结构设计	○		△	△		
19		人防结构设计	○					
20		岩土工程勘察	△	○				业主需要另行委托，设计方提出需求
21		整体模型的振动台试验	△	○				业主需要另行委托，设计方提出需求
22		试桩试验	△	○				业主需要另行委托，设计方提出需求
23		风洞试验	△	○				业主需要另行委托，设计方提出需求
24		超限高层抗震设防专项审查	○					
25	给水排水专业	室外工程	○	△	△		△	
26		直升机停机坪设计	○	△	△			
27		建筑给水排水设计	○	△	△		△	
28		消防给水排水设计	○	△	△	△	△	
29		生活热水制备	○	△	△	△		
30		直饮水处理设备	○	△	△		△	
31		中水处理设计	○					
32		气体灭火设计	○				△	
33		游泳池水处理设计	○	△	△			
34		洗衣房给水排水设计	○	△	△			
35		厨房给水排水设计	○	△	△			
36		室外给水设计	○				△	

序号	专业	子项					
37	给水排水专业	室外雨污水设计	○				△
38		人防给水排水设计	○				
39		景观给水排水设计	○				
40	暖通空调专业	暖通、空调、防排烟设计	○	△	△		
41		备用锅炉房设计	○	△	△	△	△
42		厨房排风系统	○	△	△		
43		室外工程（暖通空调）	○	△	△	△	
44		燃气工程	○				△
45		热力工程	○				△
46	电气专业	供电系统	○	△	△	△	
47		配电系统	○	△	△	△	
48		室内照明系统	○	△	△	△	
49		景观照明系统	○	△	△		
50		供配电系统监控装置	○	△	△		△
51		防雷、防电磁辐射、接地系统	○	△	△	△	△
52		红线内室外管线	○				△
53	建筑智能化专业	建筑设备管理系统	○		△		
54		火灾自动报警系统	○		△	△	
55		公共安全防范系统	○		△	△	

（续）

编号	专业类别	服务内容	主设计方（建筑师）	工艺设计方	其他专业设计顾问	施工承包商或系统集成商（深化设计方）	市政设计单位	备注
56	建筑智能化专业	卫星接收及有线电视系统	○		△			
57		公共广播及火灾应急广播系统	○		△			
58		公共及业务信息显示系统	△		○			
59		集成管理系统	△		○			
60		物业管理系统	△		○			
61	结构化布线专业	室内管线工程	○		△			
62		设备间	○		△			
63		交接间	○		△			
64		结构化布线系统	○		△			
65		程控交换机系统	○		△			
66		程控交换机机房工程	○		△			
67	通信网络专业	入网技术方案	○		△		△	
68		室外通信管道工程	○		△		△	
69		光缆线路接入工程	○		△		△	
70	计算机网络专业	网络系统	○		△		△	
71		机房工程	○		△		△	
72		接入网工程	○		△		△	

注：○表示主要责任，△表示协助责任。

表 5-5 施工图设计阶段专业设计服务范围及责任分工

编号	专业类别	服务内容	主设计方（建筑师）	工艺设计方	其他专业设计顾问	施工承包商或系统集成商（深化设计方）	市政设计单位	备注
1	建筑专业	总平面设计	○				△	
2		建筑设计	○	△			△	
3		建筑模型	○					
4		渲染图	○					
5		防振、遮音、隔声设计	○	△	△	△		
6		声学装修	○	△	△	△		
7		电梯工程	○		△	△		
8		室内装修	○	△	△	△		
9		室外装修（含幕墙工程）	○	△	△	△		
10		幕墙工程的深化设计图审查	○			△		
11		园区景观设计	○					
12		消防及安全疏散设计	○					
13		人防设计	○					
14		室外工程	○					
15		直升机停机坪设计	○			△		
16		食堂设备	○		△	△		
17		擦窗机设备	○		△	△		
18		施工图预算	○					

（续）

编号	专业类别	服务内容	主设计方（建筑师）	工艺设计方	其他专业设计顾问	施工承包商或系统集成商（深化设计方）	市政设计单位	备注
19	结构专业	结构设计	○		△		△	
20		人防结构设计	○					
21		钢结构的深化设计图审查	○			△		
22		室外工程	○		△		△	
23		直升机停机坪设计	○	△	△			
24	给水排水专业	建筑给水排水设计	○	△	△	△	△	
25		消防给水排水设计	○		△	△		
26		生活热水制备	○		△		△	
27		直饮水处理设备	○					
28		中水处理设计	○				△	
29		气体灭火设计	○					
30		游泳池水处理设计	○		△	△		
31		洗衣房给水排水设计	○		△	△		
32		厨房给水排水设计	○		△	△		
33		室外给水设计	○				△	
34		室外雨污水设计	○				△	
35		人防给水排水设计	○					
36		景观给水排水设计	○					

序号	专业	名称					
37	暖通空调专业	暖通、空调、防排烟设计	○		△	△	
38		备用锅炉房设计	○		△	△	△
39		厨房排风系统	○		△	△	
40		室外工程（暖通空调）	○		△	△	
41		燃气工程	○				△
42		热力工程	○				△
43	电气专业	供电系统	○	△	△	△	
44		配电系统	○	△	△	△	
45		室内照明系统	○	△	△	△	
46		景观照明系统	○			△	
47		供配电系统监控装置	○		△	△	△
48		防雷、防电磁辐射、接地系统	○		△	△	△
49		红线内室外管线	○				△
50	建筑智能化专业	建筑设备管理系统	○			△	
51		火灾自动报警系统	○			△	
52		公共安全防范系统	○		△	△	
53		卫星接收及有线电视系统	○			△	
54		公共广播及火灾应急广播系统	○			△	
55		公共业务信息显示系统	△	○			
56		集成管理系统	△	○			
57		物业管理系统	△	○			

编号	专业类别	服务内容	主设计方（建筑师）		施工承包商或系统集成商（深化设计方）	市政设计单位	备注
			工艺设计方	其他专业设计顾问			
58	结构化布线专业	室内管线工程	○		△		
59		设备间	○		△		
60		交接间	○		△		
61		结构化布线系统	○		△		
62		程控交换机系统	○		△		
63		程控交换机机房工程	○		△		
64	通信网络专业	入网技术方案	○	△	△		
65		室外通信管道工程	○	△	△		
66		光缆线路接入工程	○	△	△		
67	计算机网络专业	网络系统	○	△	△		
68		机房工程	○	△	△		
69		接入网工程	○	△	△		

注：○表示主要责任，△表示协助责任。

以上所列专业设计服务范围，尚需与《建筑工程设计文件编制深度规定》结合起来使用，深度规定可以看做是设计项目的具体解释，如果设计项目在深度规定中没有明确的解释，那么在设计合同中，要明确该项设计工作所包含的具体工作内容，以及与其他设计工作之间的接口，否则很容易在日后的合同执行过程中产生争议。

对主设计方所提供的项目管理服务内容，也存在同样的问题，对每个条目所包含的具体工作内容，应明确而没有争议，如果有疑惑的问题，一定要在合同中加以明确，以避免日后引发争议。

5.3 质量管理——如何保证设计文件的质量

设计文件的质量体现在多个方面，完整、正确，深度能够满足使用要求，符合业主的需求，具有技术先进性、施工可建性，是否存在优化的可能及如何优化等。业主应当有管理手段来保证设计文件的质量。当然，设计方自身要对设计文件的质量负责，这是毋庸置疑的，但业主要运用自身和第三方的力量来对设计文件进行审核、评估、优化，来保证设计文件的质量，这是必要的管理手段。第三方的力量可能是业主另行聘请的顾问、设计院、咨询公司，或是政府管理机构等，业主要根据项目的情况来决定请哪些顾问来对设计文件进行审核。设计合同中要明确对设计质量的具体要求，以及保证设计质量的措施。

5.3.1 设计文件的深度

设计文件的正确性毋庸置疑，完整性则体现在设计内容不仅应全面，而且设计深度须满足要求。设计深度是设计合同中需重点关注的方面。《建筑工程设计文件编制深度规定》只是一个通用的规定，项目应根据实际情况，对设计深度的要求进行明确和细化，尤其要注意以下几点：

1. 对于需要二次设计的专业

所谓二次设计，是针对某些专业而言的，如钢结构工程、幕墙工程、弱电工程、精装修工程等。这些专业先由主设计方设计至某个深度后，依据主设计方提供的图纸进行施工承包商或系统集成商的招标，招标后，施工承包商或系统集成商在主设计方设计深度的基础上，再进行深化设计，至施工所需的深度。这些专业之所以需要进行二次设计，是由于主设计方的技术局限性和社会专业化分工的结果。但主设计方和二次设计方之间的设计深度如何切分，是项目管理者需要重点关注的问题。如果主设计方的深度不足，那么在施工承包商和系统集成商招标的时候，业主就会面临技术方案分散，造价难以控制的风险。所以在设计合同中，有必要对主设计方的设计深度进行必要的规定，原则上主设计方的深度应满足编制招标文件、有效控制造价、编制深化设计文件的要求。但每个项目的情况不同，还要视项目情况进行具体的要求。下面针对具体专业进行讨论。

（1）对于钢结构工程

《建筑工程设计文件编制深度规定》明确了钢结构设计施工图的内容和深度要求。同时，该规定也明确了钢结构施工图的深度应能满足进行钢结构详图设计的要求。钢结构制作详图一般应由具有钢结构专项设计资质的加工制作单位完成，也可由具有该项资质的其他单位完成，其设计深度由制作单位确定。

（2）对于幕墙工程

《建筑工程设计文件编制深度规定》明确了幕墙初步设计和施工图设计的深度。

（3）对于精装修工程

如果业主决定将某些区域交给专业的精装修单位来进行设计乃至施工的话，对于这些区域，主设计方建议不进行任何的装修设计，从结构完成面开始，全部交给精装修单位来进行设计，但主设计方应从整体建筑设计的角度提出一些总体的要求，如风格的控制、空间的处理、标高的控制等，最终的精装修设计完成后，还应请主设计方审核通过。

(4) 对于弱电（建筑智能化）工程

《建筑工程设计文件编制深度规定》明确了弱电工程各阶段的设计深度要求。施工图设计深度可作为施工招标的依据，弱电承包商在施工图设计的基础上进行深化设计。

2. 招标图的深度

在《建筑工程设计文件编制深度规定》中，并不存在招标图的概念。按照施工图来招标，是我们一贯的做法。但如果项目采用 EPC 工程总承包的模式，在扩大初步设计的基础上，即进行工程总承包商的招标。初步设计的深度通常无法满足工程招标的要求，必须进行扩大的初步设计，扩大的初步设计深度即所谓的招标图深度，招标图深度是介于初步设计深度和施工图设计深度之间的一个深度，并没有明确的规范性文件来定义招标图的深度，原则上要满足控制造价、编制工程量清单的要求。《建设工程工程量清单计价规范》（GB 50500—2013）定义了各专业编制工程量清单所需提供的设计信息，所以招标图的深度应满足编制工程量清单的要求，这是我们可以提出来以控制招标图深度的一个较为具体的要求。同时，在设计合同中可以对各专业的招标图深度进行具体的约定。

3. 重视初步设计的深度

目前，在很多国内的工程项目实施过程中，业主往往非常轻视初步设计，给设计方的设计周期很短，在方案设计后，基本不做初步设计，或初步设计做得很不深入，就直接进入施工图设计阶段。由于对重大技术方案研究得很不深入，在施工图设计发现问题时往往积重难返，非常被动，最终对工期和造价控制也非常不利。这样的问题往往是由于业主急于赶工期而造成的。所以首先是业主必须要重视初步设计，必须给设计方足够的时间，并要求和督促设计方将初步设计做深做细。初步设计不仅对造型复杂、体型不规则、高度超限的建筑方案重要，对一些造型简单规则、高度在规范限定范围内的建筑方案，也同样重要。

因而，在设计合同中，提出一些具体要求来保证主设计方将初步设计做深作细，是很必要的。这些要求可以从以下两方面入手：

1）从管理措施上，应推进设计优化及同业复核。一个比较好的选择是业主在整个设计过程中，应聘请一些设计经验和施工经验都比较丰富的专家或咨询公司，作为工程的顾问，对设计方每一阶段的设计文件进行审核，看看是否存在进一步优化的空间，关键是要请专家提出优化的方向和切入点，这些切入点往往涉及新的专利技术的引入、新的设计思路的开拓，有时甚至需要做一些试验来提供依据。工程顾问最好从设计的开始就介入工程的设计审核工作，避免造成大的设计调改。因而在设计合同中，应要求设计方接受并配合业主聘请的设计顾问的设计审核工作。

2）从技术上，各设计专业我们都可以提出一些具体的要求。除满足《建筑工程设计文件编制深度规定》的要求外，可结合各项目建筑方案的具体情况提出相应的要求，如可从下面几个方面入手：

①总体复核确定各专业的基础设计参数。

②建筑上重点要求功能分区及平面布局的合理性，尤其是核心筒的布置。重点复核建筑层高及净空高度等。

③结构上着重解决结构选型的问题。要综合考虑结构安全、造价、施工可建性、材料等因素，提供结构选型的报告，确定最优化的结构体系。

④对于机电专业来说，初步设计阶段则着重解决系统设计和主要设备选型、机电主干管线的布置和综合、管道井的布置等问题。

⑤对于工程造价管理来说，初步设计阶段是造价控制最为重要的一个阶段。造价的控制应结合技术方案的探讨来进行，必要时可采用限额设计的方法。

5.3.2　关于施工可建性

一般意义上，施工可建性是指结构体系的施工可行性。但从广义上讲，每个专业的设计都应该考虑施工的方便可行。可行性包括技术和经济两个方面。大多数情况下，技术上总是可以想出办法来解决，但付出的代价太高，业主难以承担，也是不可行的。施工可建性的考虑是目前设计中的一个薄弱环节。对于常规的建筑设计，这个问题并不突出，但对于一些追求建筑外部效果的超限建筑，问题会比较突出。

　　施工可建性问题应在方案及初步设计阶段就加以认真考虑。在确定建筑方案之前，施工可建性问题应成为决定某个建筑方案能否中标的前提条件。在方案招标文件中，建设单位应要求投标设计方提交初步的施工方案和工程造价分析。建设单位也要邀请施工和造价方面的专家，对设计方提交的初步方案和工程造价进行审核，做到心中有数，然后再确定建筑方案。一旦建筑方案确定以后，从方案设计阶段到初步设计阶段，应对施工可建性问题进行深入研究。研究应当由设计方来负责进行，不同的施工方案会导致施工荷载的不同，也会对结构的设计产生相应的影响。施工可建性的研究应结合结构选型的工作来进行。设计方在初步设计阶段应提供施工可建性报告，并将施工可建性的研究成果结合到结构设计中去。

　　如果是造型比较特殊的建筑，设计方对施工可建性可能会缺乏经验。因此，建设方在设计合同谈判时，就应明确要求，设计方应聘请施工方面的专家作为施工可建性顾问，并提出对专家的具体要求。

5.4　进度管理——设计进度及总体工程进度

　　明确设计工作的进度以及进度管理的措施，无疑是设计合同最主要的内容之一。制订设计进度计划，业主要考虑工程总体进度的需要，也要给设计方以合理的时间来完成设计。任何盲目压缩设计进度的尝试，其结果不但项目的工期不能缩短，往往还会延长，在设计阶段多花一点时间，把问题充分解决在纸面上，后期的施工才会顺利，整体的工期才能得到保证。设计进度计划的制订并不简单，需要考虑许多的因素：一方面是设计进度本身，另一方面要与整体工程的进度相匹配。其原因在于，我们目前的工程项目很少是在设计图全部完成后才进行招标，而是设计与施工要搭接进行，这并不是所谓的"三边工程"，而是为了提高工程进度的一种科学合理的组织管理方式。所以在签订合同时，对工程进度进行整体的通盘考虑，是非常必要的，设计进度只是其中的一个组成部分。

对工程的整体进度要考虑以下几个方面的内容：

1）工程的总体计划要求。在可行性研究报告中对工程的总体进度已经有了考虑，在签订设计合同时可以考虑采用，并可以进行一定的调整。

2）项目的施工合同规划。具体来说，就是整个工程项目划分为哪些标段，每个标段都要对应一个承包商。一般来说，我们常常将工程划分为土建、机电、幕墙、电梯、室内装饰、园区景观、弱电工程等，每个工程的具体情况会有所差别。标段的划分直接涉及设计文件的提交。由于业主是分阶段进行各个标段的招标的，因而设计文件也是按照招标进度的需要分阶段来提供，这样的组织方式可以有效地提高工程的进度，在各个项目中都广泛使用。这实际上也是项目的管理模式和管理策略的一部分。

3）设计本身要分为方案设计、初步设计和施工图设计三个阶段，在每个阶段都要提交相应的阶段设计文件，并将设计文件交付业主、政府有关部门进行审核，只有审核批准的图纸才能转入下一个阶段或交付施工。提交给业主进行招标的图纸是在初步设计文件的基础上编制的，两者技术上的相互关联决定了其在计划编排上的逻辑关系。

4）现场进度与施工进度的关系。由于采用分阶段招标与施工，必然导致部分设计与施工同步进行，设计进度不能耽搁施工进度，这是一个最基本的要求，尤其要注意的是结构的预留预埋的关系，由于先期进行的往往是土建工程的施工，所以后期的标段必须要按时就位，进行预留预埋，否则必然耽搁土建工程的进度。举个例子，如幕墙工程，在主体结构出地面以后，就需要进行幕墙的埋件预埋，如果设计方不能及时提供幕墙招标文件，幕墙承包商不能及时招标到位，则无法进行幕墙预埋，必然影响土建工程的进度。

在综合考虑了上述各项因素后，我们发现在编制设计进度的过程中，其关键线路存在两个阶段：第一阶段是设计独立进行的，从方案设计到初步设计阶段，乃至部分施工图设计阶段，解决设计过程中的主要技术问题和技术方案；第二阶段是现场施工与设计并行阶段，设计逐步提供招标图和施工详图，满足施工招标和现场施工的需要，在这一阶段，现场施工进度决定设计进度。

编制设计工作的进度计划，首先需要进行工作分解，然后确定每项活动的持续时间，并理清各项工作之间的逻辑关系。工作分解的层次不宜过细，划分到各个设计阶段即可，并要结合标段的划分来明确招标图的编制和提交。各项活动的持续时间没有统一的标准，需要业主结合项目的需要和设计方的具体情况经过谈判确定。我们上面讨论的四点内容是确定各项工作之间逻辑关系的关键要点，其余要结合项目的实际情况来定。

图 5-2 所示为工程进度计划的一个典型示意图。

对于设计进度的管理，最重要的是明确设计文件提交的日期和具体内容，由于设计文件往往是分阶段提交的，因而需要详细明确分阶段提交的内容和日期，并将设计费用的支付和设计文件的提交关联起来。在设计过程中，不妨定期进行设计工作站会议，通过定期开会或共同工作的方式来促进设计进度的过程管理。

5.5 造价管理——设计费用及工程造价的控制

在设计合同文件中，造价管理涉及两方面的内容：一是设计费用，二是工程造价的控制。设计费用是工程造价的一部分，在设计合同中要明确设计费用。工程造价的控制，是设计方的责任，是设计方最重要的工作内容之一，也是业主进行设计管理的重点内容之一。

关于设计费用，一般来说有两种计取方式：一种是按照国家颁布的《工程勘察设计收费标准》来取费，其具体方式是按照项目建安设备费的一定比例来计取，比例在 1%～5%，建安设备费越高，比例越

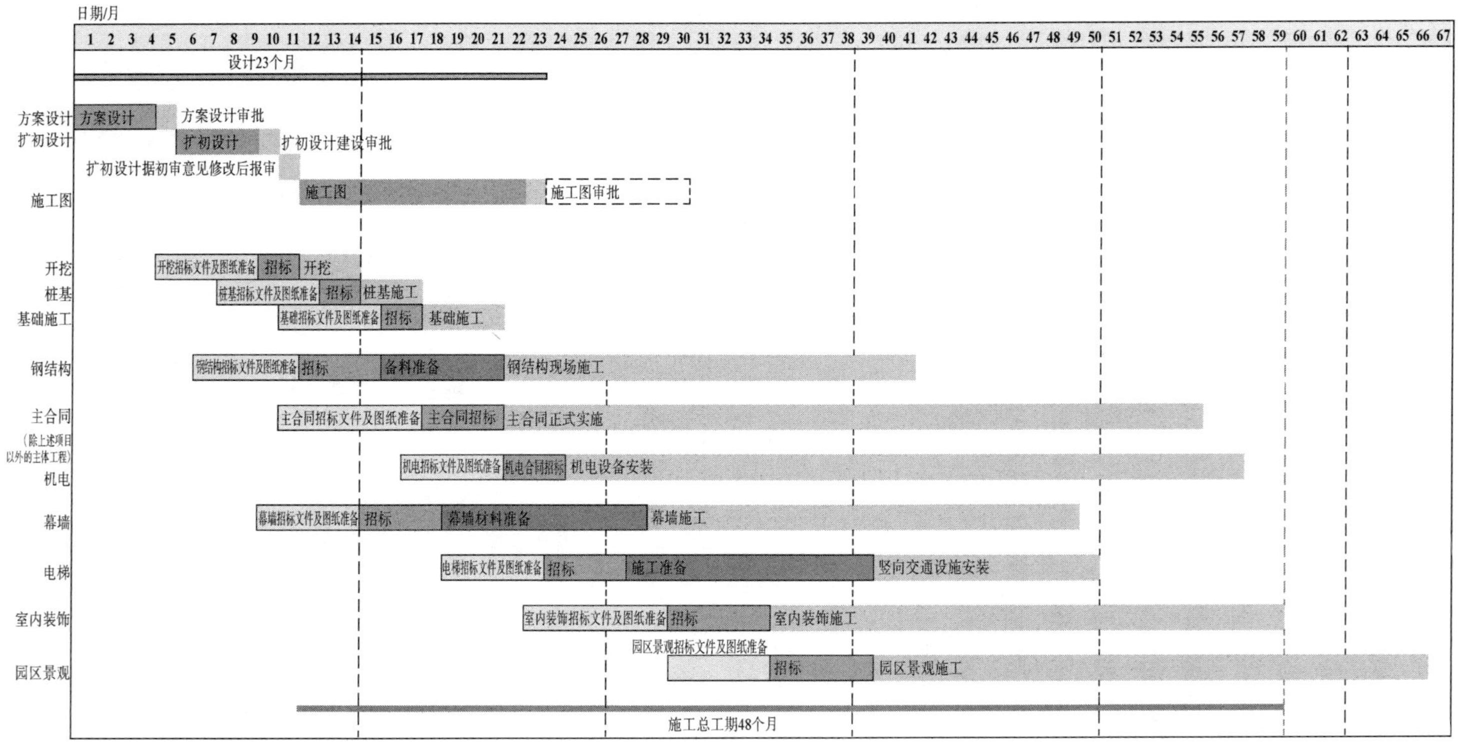

日期/月
1 2 3 4 5 6 7 8 9 10 11 12 13 14 15 16 17 18 19 20 21 22 23 24 25 26 27 28 29 30 31 32 33 34 35 36 37 38 39 40 41 42 43 44 45 46 47 48 49 50 51 52 53 54 55 56 57 58 59 60 61 62 63 64 65 66 67
设计23个月
方案设计
方案设计
方案设计审批
扩初设计
扩初设计
扩初设计建设审批
扩初设计据初审意见修改后报审
施工图
施工图
施工图审批
开挖
开挖招标文件及图纸准备
招标
开挖
桩基
桩基招标文件及图纸准备
招标
桩基施工
基础施工
基础招标文件及图纸准备
招标
基础施工
钢结构
钢结构招标文件及图纸准备
招标
备料准备
钢结构现场施工
主合同
（除上述项目以外的主体工程）
主合同招标文件及图纸准备
主合同招标
主合同正式实施
机电
机电招标文件及图纸准备
机电合同招标
机电设备安装
幕墙
幕墙招标文件及图纸准备
招标
幕墙材料准备
幕墙施工
电梯
电梯招标文件及图纸准备
招标
施工准备
竖向交通设施安装
室内装饰
室内装饰招标文件及图纸准备
招标
室内装饰施工
园区景观
园区景观招标文件及图纸准备
招标
园区景观施工
施工总工期48个月

图5-2　工程进度示意图

低，然后再考虑一定的调整系数；第二种是一种简单的，非正式的计取方式，即按照每平方米单价来计取，从每平方米十几元到每平方米几百元都有，具体多少要根据项目的具体情况，通过谈判来定。不管哪种方式，都要根据市场竞争的需要灵活计取。设计费的另一个问题是支付，设计费的支付要与设计服务的提交相关联，这是毫无疑问的，至于如何设定支付的节点，需要双方通过谈判在设计合同中加以明确。

造价管理另一个关键的问题是工程造价的控制。设计阶段对工程造价控制的重要性毋庸置疑，工程造价的控制作为设计方的一项重要职责和工作范围应在设计合同中加以明确，而且要明确造价控制的方式和具体措施。

在设计阶段有三个重要的造价文件，分别对应于三个设计阶段：估算与方案设计阶段相对应，概算与初步设计阶段相对应，预算与施工图设计阶段相对应。业主可以将这三个造价文件的编制交给设计方，当然前提是设计方有这样的资质，也可以交给其他的造价咨询机构。但即使由设计方来编制造价文件，业主也仍然需要邀请造价咨询机构对设计方编制的文件进行审核，以克服造价信息的不确定性，确保文件的真实可信。

造价控制的思路是，以项目可行性研究报告批准的造价为控制目标，估算不能超越可研造价，概算不能超越估算，预算不能超越概算。一旦出现超越的情况，设计方就需要对工程设计重新进行审核，寻找降低造价的途径，向业主提出降低造价的设计建议，这些建议可能包括：合理降低业主的设计需求和设计标准；优化设计本身，削减不必要的设计项目，寻求更合理的技术路线，精炼设计，挤掉设计中一些过于保守、过于粗放的"水分"等。业主也可以邀请第三方来对设计进行评估，提出降低造价的切入点和途径。总之，降低造价是一项综合了技术和造价的复杂活动，既需要有丰富的设计经验，也需要有造价管理知识的复合型人才来领导。上述的造价管理方法，实际上也就是我们目前在项目管理中常用的限额设计方法。

但如果在实施过程中，在每个阶段的造价文件编制完成后，再开始进行降低造价的设计活动，会带来以下一些问题：

1）较大的设计调改，而且容易导致设计的错误、设计进度拖延，这是因为每个设计阶段都是各专业的设计基本完成后，才能够编制相应阶段的完整的造价文件，如果此时才开始进行降低造价的设计调改，会导致调改的工作量大，一个专业修改，其他专业也都要随之调改，容易导致设计失误。

2）对工程的整体进度不利，由于我们的工程往往是分标段逐步展开施工，土建工程设计完成后往往即先期开始招标施工，而其他的机电、装饰往往还在设计之中，客观上不容许我们在造价文件整体完成后再进行降低造价的设计调改。

所以解决上述问题的关键是要对造价控制目标进行分解，我们不仅仅要有整体的造价控制目标，而且还要将整体目标按照拟划分的标段进行分解，这些标段往往也是按照专业来划分的，如土建工程、机电工程、幕墙工程等，按照分解后的造价控制目标进行设计过程中的造价控制，这样才具有实际的操作意义。所以在设计合同中要明确设计方应提供分解的造价控制目标，并根据分解目标进行实时的设计造价控制。

设计分为方案、初步和施工图三个设计阶段，其中初步设计阶段对造价控制来说是最重要的一个阶段，业主和设计方都要把初步设计阶段作为造价控制的工作重点。因为初步设计阶段将确定设计工作的一些基础性参数和关键的技术方案，在设计参数和技术方案选择的过程中，要树立造价控制的概念。技术必然是和造价相联系的，做一个技术决定的同时，也是在做一个造价上的决定。如对于结构选型来说，不同的结构方式，从砖石结构，到框架结构，到剪力墙结构，再到钢结构，其工程造价越来越高。再比如，对于空调系统的选择，从分散式系统，到风机盘管系统，再到全空气系统，其造价也是逐渐增高，如果再采用变风量末端，其造价则更高。一些设计参数的选择，对造价的影响也很大，如结构荷载，空调温度，电力负荷需求参数、技术标准要求等，都会对工程造价产生一定的影响。所以在初步设计阶段，对基础设计参数和技术方案进行慎重考虑，充分考虑其造价控制的需求，对工程造价的过程控制是非常必要，也是最为合理的路线。

| 5.6　信息管理 |

设计过程本身就是一个信息汇总、集成、交流的过程，其集成成果就是合格的设计文件。在设计合同中，明确信息沟通的内容、规则、方式、方法都是很重要的内容。下面我们对信息管理的一些问题进行介绍。

✓ 5.6.1　信息沟通的原则

设计过程中参与各方很多，各方之间的合同关系也很复杂，信息的交流本身虽然是信息的交换，但也牵涉设计责任，有责任则必然离不开合同关系，所以信息交流的方式必然与各方之间的合同关系相关联，只有存在合同关系的两方之间才能存在真正意义上的信息交流，我们构建一个项目信息交流的体系和制度时，必须围绕项目的合同关系来展开。这是我们必须首先要建立的一个概念。没有合同关系的两方之间虽然也可以进行信息交流，但信息交流的内容却没有真正意义上的约束力，或者说没有法律或合同的效力。这一点是我们在信息交流时必须充分注意的，否则很容易产生纠纷。比如说，工程管理过程中，一般来说，设计方和施工总承包都是由业主单独委托，并分别签订设计合同和施工总承包合同，设计方和施工总承包商之间没有合同关系，但设计和施工总承包之间往往需要进行大量的信息沟通，而信息沟通的结果必须得到业主的认可之后，才具有真正的法律效力，否则沟通结果是无效的。所以我们在构建信息交流的框架时，必须以合同关系为基础，信息交流虽然可以是多方面的、广泛的，但交流结果的有效性却需要以合同关系为基础。这是两个概念，必须加以区分。

在设计过程中，有两个交流的中心或者枢纽，一个是业主，一个是主设计方。其他的设计方、顾问或集成商、承包商，要么与业主签订合同，要么与主设计方签订合同，合同关系决定了信息交流必须围绕业主和主设计方来展开。这是第一个原则。

第二条原则是，必须保证主设计方技术协调的核心枢纽地位，所

第5章　设计合同是项目管理的纲领性文件

有的设计信息交流最终都应得到主设计方的技术确认。尽管在设计交流的过程中，交流是多层次、多方向、多形式、多渠道的，但交流的结果都应该得到主设计方的技术确认，这是由于工程设计有其整体性，牵一发而动全身，必须有人对设计工作进行全面的技术协调，不管是其他设计方、咨询顾问、系统集成商还是承包商，其工程设计和咨询都必须经过主设计方的最终核准，否则就会一团混乱。这既是项目管理的手段，也是技术本身的需要。

第三条原则是，以书面文件为准，尽管由于现在电子信息化的程度越来越高，人们越来越喜欢采用电子的方式进行交流，既方便又快捷。但作为正式具有法律效力的文件，还是以书面文件为准。书面文件不仅仅要求是纸质的、实物的，更重要的是必须有相关负责人的签字。

5.6.2 建立信息沟通的机构和平台

信息沟通不仅重要，而且工作量很大，不仅仅是技术交流本身，还有大量的管理协调工作，如文件收发、文件整理归档、会议筹备组织、文件信息传递等，工程技术人员无法胜任，必须有专职的机构和人员来承担此项工作。

在设计合同中，要明确设计方和业主的沟通机构和专职人员，建立各单位的收发文件体系，并为将来设计工作参与各方的充分沟通奠定制度上的基础。沟通的困难在于克服距离上的限制，如果在设计期间，所有参与各方都能在一起共同工作，或者阶段性地一起工作，这样沟通会非常快捷，这种方式也是许多项目经常采用的，但现实情况是我们很难长期将人员集中到一起，所以集中工作之外，必须依赖各种通信手段来实现沟通，现在电子技术为我们提供了诸多选择，如电子邮件、QQ类工具、电视电话会议等。但唯一难以解决的困难是签字和盖章，尤其在一些紧急的情况下，签字和盖章会耗费相当多的时间，因为原件必须到当事人手里，如果当事人分离各处，签字和盖章就比较耗费时间，建议可以采取委托他人签字的办法来解决。

✅ 5.6.3　建立沟通的计划和制度

在设计工作开始的时候，我们必须要建立沟通的计划和制度，针对沟通中的难点和关键点制定相应的措施。沟通的计划和制度是围绕得到合格的设计文件来展开的。按照时间先后和设计阶段的划分，设计文件主要包括方案设计文件、初步设计文件、施工图设计文件、深化设计文件、工程变更和工程洽商等。沟通制度其实就是要建立某种工作流程，保证我们在编制设计文件的过程中，所有相关人员和机构的意见都得到了有效的收集和处理。这项工作非常重要，在实际工作中我们常常碰到因沟通不到和不够而导致的设计变更，往往损失很大。

所以，我们在编制沟通计划时首先要识别沟通的对象、沟通的内容，明确沟通的目的，然后再根据设计工作的总体进度来确定沟通的时间表。为了保证沟通的充分有效，建立一套流程是非常重要的，流程能够保证我们不管是谁来做，只要按照流程，就能够保证沟通的充分和有效。如设计文件各专业会签制度、深化设计文件审批制度、工程变更处理制度等，都是非常有效的保证沟通效果的制度。但不可否认的是，很多情况下没有流程可以遵循，都需要根据客观情况来灵活处理。

在每个阶段，设计文件形成之前和形成之后，要与哪些人沟通，征询哪些部门的意见，如何沟通，实质上是一项非常关键、重要的工作，项目的管理者必须充分重视。因沟通不到，或忽略任何一方的意见，都有可能对项目造成重大的损失。所以在项目开始之前，对沟通做出规划非常必要，避免遗漏和失误。此外，在沟通中一定要保持谦逊的态度，克服自以为是和独断专行的作风，否则会给项目和自己带来不必要的损害和麻烦。

沟通工作主要是在设计工作开始后才全面展开的，在设计合同中无须对沟通工作进行详细的约定，既没有必要也很难说清楚。但需要明确设计方和业主在沟通工作中的责任和工作范围。设计方作为设计的总协调人，是需要协调各设计方来共同进行工作的，不仅仅是技术协调，而且还包括管理协调，但对外协调，如对于政府主管部门、市政部门等，一般都是业主出面协调，而设计方只进行技术配合，原因是政府部门一般只接受业主协调工作。

在设计过程中，还有一些沟通的难点，我们不可不知：一是与政府审批部门的协调，较为困难，也难以把握，需要提前，尽早沟通。另一个是专业之间的协调，有赖于业主重视，设计方建立完善的沟通制度和投入大量的精力。最典型的是管线综合，需要建筑、结构、机电各专业共同来参加。

5.7 风险管理

设计方和业主都要在设计合同中规避风险，保护自己的利益。这也是设计合同中很重要的一部分内容。按照风险管理的程序，首先要识别风险，风险主要来自三个方面：业主、设计方和第三方。

来自业主方面的风险有业主由于资金问题或审批问题，导致项目中断，或项目拖得时间很长，设计成本无法收回；业主信誉不佳，不及时支付设计费；业主随意修改设计需求或压缩设计工期，变相增加设计工作量等。来自设计方面的风险有不能及时提供图纸，设计出现重大失误等。来自第三方的风险则主要是指不可抗力，如战争、自然灾害等原因造成的项目流产等风险。

在设计合同谈判的过程中，业主和设计方均希望有相应的条款来保护自己的利益。基于平等的条件，设计合同将设定相应的条款来保证双方的利益，具体如下：

1）对于业主不按照约定支付设计费，设计方可以拒绝提供后续的图纸，并要求业主支付违约金，甚至解除合同，赔偿损失。

2）对于设计方不按时提交图纸，业主可以扣减设计费，甚至解除合同，赔偿损失。

3）对于因业主原因而导致的项目中断，设计方可以要求业主支付已完成工作的费用及其他的损失。

4）对于业主因项目时间延长、更改设计需求、压缩设计工作而导致的设计工作量增加，设计方应有权按照增加的工作量向业主索赔相应的费用。

5）对于设计方因设计失误而导致的业主的损失，业主有权要求设计方进行赔偿。赔偿费用往往会限定在设计费一定比例的范围内，具体比例双方可以商定。其作用更多是为了促进设计方将设计工作做好，而不是真正让设计方赔偿，一旦出现重大损失，设计方往往赔不起。

6）设计保险。业主可以要求设计方购买设计专业险，保险人对设计方因疏忽、错误、不作为造成建设方损失承担赔偿责任。在我国，这项保险尚处于起步阶段，尤其对于责任界定、理赔方面还有待法律的完善和实践的检验。

7）对于不可抗力的应对是等不可抗力事件真正发生的时候，大家再一起进行协商。

5.8　其他事项

✓ 5.8.1　合同文本

设计合同文本的选择是我们必须面对的一个问题，不能简单地将其看作一个文本问题，而是一个体系的问题，文本中包含大量的概念、习惯做法、法律法规的信息，无法在合同里一一明确，需要所在地区的配套文件体系来支持。尽管国外有很成熟的设计合同文本，但如果要应用到国内的环境里来，也要进行适当的改造，使之符合国内的实际情况。国内也有相应的设计合同示范文本，但其问题是配套体系不够成熟和完善，需要根据项目的情况进行补充和完善。

国外目前比较典型、应用比较广泛的设计合同文本主要有以下几个：

1）国际咨询工程师联合会（FIDIC）制定的 FIDIC 合同"业主/

咨询工程师标准服务协议书"。

2）美国建筑师协会（AIA）制定的 AIA B141 "业主与建筑师的标准协议书"。

3）英国皇家建筑师协会、皇家特许测量师协会、咨询工程师联合会等机构组成的联合委员会（简称 JCT）制定的 "设计与施工总承包协议书"。

4）世界银行制定的 "咨询工程师标准服务协议书：固定总价"。

国内则有住房和城乡建设部和国家工商管理局联合颁布的《建设工程设计合同（示范文本)》。该文本有两种类型，分别针对民用建设工程和专业建设工程。设计合同的框架大致包括以下几方面内容：

1）本合同签订依据。

2）设计依据。

3）合同文件的优先次序。

4）本合同项目的名称、规模、阶段、投资及设计内容。

5）发包人向设计人提交的有关资料、文件及时间。

6）设计人向发包人交付的设计文件、份数、地点及时间。

7）费用。

8）支付方式。

9）双方责任。

10）保密。

11）仲裁。

12）合同生效及其他。

目前采用较多的文本，国外文本是 FIDIC 的合同条件，国内则是住房和城乡建设部和国家工商管理局的推广文本，或是两者结合起来采用。但不管采用何种文本，都必须对其进行适当的改造，使其符合项目的实际需要和国内的现实情况。

5.8.2 版权、保密、仲裁、违约责任等

版权、保密、仲裁、违约责任等较专业的内容，一般交由律师来处理。

本章工作手记

本章讨论了设计合同所涉及的有关事项，见下表。

序号	项目	内容
1	人员管理	设计方的构成及其相互之间的关系
2	范围管理	设计相关各方的项目管理服务范围及专业设计服务范围
3	质量管理	设计文件的深度及施工可建性
4	进度管理	设计工作的进度，设计文件的提交，以及与总体工程进度的关系
5	造价管理	设计费用及如何在设计过程中控制工程造价
6	信息管理	信息交流的原则、方式和制度
7	风险管理	业主方和设计方的风险识别与规避
8	其他事项	合同文本、版权、保密、仲裁、违约责任等

第5章 设计合同是项目管理的纲领性文件

设计文件的质量管理
——概念及技术方案

本章思维导读

工程设计文件，既是前期阶段的总结和成果，又是后续施工阶段的起点和规范。设计文件的质量对工程项目的成功具有至关重要的意义。那么，设计文件的质量要求有哪些呢？设计文件的质量要求主要有正确、全面、功能满足需求、坚固、美观、节能环保、深度满足工程招标及施工的需要、工程造价可控、符合政府法令法规及规范标准的要求，同时应具有技术的先进性、具有施工的可建性、方便使用、设计人性化等。

但不管哪一项要求，都必须踏踏实实地落实到各专业的概念和技术方案上去。本章即是从各专业的概念和技术方案入手，讨论如何保证设计文件的质量。

6.1 建筑方案的评价

工程设计往往是从建筑方案的招标开始的。确定方案一般有两种模式：一种是先选定建筑师，再确定方案；另一种是先选定方案，随之再确定建筑师。前者在选定建筑师进行邀请设计的时候，实质上已认可了这个建筑师所代表的建筑美学和设计风格。后者则往往通过方案招标，选定方案的同时也就确定了建筑师。

对投标的建筑方案，业主往往要组织专家委员会进行评选，选择综合评价最优的建筑方案中标。对建筑方案的评价一般从以下几个方面来考虑：

1. 建筑美学

建筑美学包括与建筑所处地区的人文、自然环境是否契合等。由于对美的认识往往是仁者见仁，智者见智。所以，从项目管理的角度来说，对建筑美学的评价更多是决策程序问题，即遵循何种程序来决定建筑美学的优胜者。

对建筑师来说，比美学更重要的是获得业主的认可和接受。建筑师不仅仅是艺术家，而且是优秀的宣传推广人，能够使自己的设计理念为更多的人所接受并得到实现，同时也应是出色的项目管理者，在设计阶段能够协调各专业共同工作，而且在施工阶段，建筑师也应该是施工质量、建筑效果的控制者，从而保证建筑师的设计理念能够自始至终得到完整的体现。所以，业主要尊重建筑师，给予建筑师充分的权力，这对于创造好建筑是非常重要的。

2. 是否符合业主的功能需求

如果业主的需求是非常明确的，那么可以逐条来核查业主的需求是否得到了相应的满足。这一项工作是比较容易的，但不能说符合业主需求的方案就是好的方案，最多算是一项符合性检查，建筑师在方案创作的时候，一般都会特别注意呼应业主的需求，但建筑师是否提供了一个优秀的解决方案，却需要业主研究后才能判定。

3. 是否符合法律、规范、标准、规划条件等要求

规划条件一般是很明确的，很容易予以逐条核查，但对于其他的标准和规范，往往超出了业主的知识范围，业主需要请专业人士来把关。但方案阶段，我们仅仅会关注那些对方案造成颠覆性影响的法规，以及会导致方案不可行或解决起来会显著增加造价的法规。

4. 造价

对于一个方案所对应的工程造价，我们这里所指的造价仅是指建

安工程造价,即土建、装修及机电设备工程的费用。工程造价是一项比较专业的领域,建议业主聘请专业的造价顾问进行咨询,造价顾问一般掌握有比较详细而系统的市场造价信息,可以给予业主比较准确的造价咨询。

但从另一个角度来说,在方案设计阶段,不需要也不可能有非常准确而详细的造价估算:一是由于方案设计的深度所决定;二是工程造价更关键的是过程控制。在方案阶段,我们更重要的是从宏观的角度来对造价进行把握。项目的投资额度在可行性研究阶段一般已明确,如果项目追加投资的可能性不大,那么项目管理者在选定方案时就要格外小心了。在所能接受的最低设计标准的前提下,能否将方案的造价控制在可行性研究的额度范围内,确实需要仔细考虑。一个造型奇特的方案尽管新颖美观,但却会带来许多技术处理上的难度,往往需要付出更高的代价,而外表平实、精心设计的建筑,却往往可以更好地满足功能需求,并有利于控制造价。这是两种设计哲学,不同的业主会有不同的选择。

方案阶段,宏观的造价指标是每平方米的单方综合造价。但依据建造地点、建筑功能、高度、标准、结构形式等的不同,单方造价的浮动范围也很大,从 1000 元/m^2 到 20000 元/m^2 不等,或更低或更高,造价顾问的作用就是依据既有的工程造价信息,再根据项目的具体情况,告诉我们,如果选择某个方案,已有的投资额度能否完成它,或者需要多少造价才能完成这个方案,我们能将它建造成一个什么样的标准,这个标准应该是具体的,如采用什么样的方案、系统、材料、设备等,通过这一过程,我们也将造价估算分解到各个专业上去,以确定每个专业的造价控制目标。这样在后续的设计过程中,我们就知道怎么来调改设计,使之达到所希望的工程造价水平。

5. 技术可行性

如果选择了一些非常规的方案,那么往往会带来一些超常规的技术难点,如方案是倾斜或悬挑幅度比较大的,那么在结构处理上就会碰到技术问题,如果方案的外形奇形怪状,那么在外幕墙的设计、安装和维护上就会碰到一些技术难点。如果建筑内部设置了超大型的空间，那么在空调处理上就会碰到问题等。我们在选取某个方案时，一定要识别并了解这个方案所包含的技术难点。当然，除了个别的情况外，这些难点都可以通过技术手段来解决，但往往需要付出额外的代价。

建筑方案的选择是业主所要做出的第一个，也是最大的一个选择。这是一个要影响几十年乃至上百年的选择，其影响不仅是业主自身，还有我们置身其中的城市和居民。建筑方案确定以后，工程设计才真正开始。

| 6.2 总平面设计 |

✓ 6.2.1 概念及基本参数

每个项目都有建设用地的界线，这个界线也称为用地红线。红线之内的地域就是建筑师发挥的空间，也可称为项目的园区。建筑师要考虑建筑物如何在园区内布置，园区内的道路、绿化、停车如何设置等。在考虑之前，须考察一下规划部门给定的规划条件是什么，规划条件有的是随着建设用地一起取得的，有的是在取得用地以后再向规划部门申请的，规划条件一般规定了如下的事项：建设用地的位置和范围、建设用地使用性质、建设用地面积、建筑使用性质、建筑面积控制规模、建筑控制高度、建筑间距控制要求、建筑退红线距离要求、绿化环境要求（绿地率）、交通规划要求、停车泊位设置要求、市政配套要求等。规划条件是项目开始设计的基础，总平面设计在规划条件的基础上要解决下列问题：

1. 确定建筑物在园区内的位置

这是总平面设计中最重要的工作之一，如果建筑物是由多栋建筑有机构成的建筑群，则多栋建筑之间的相互关系也是总平面设计中要重点关注的问题。一旦建筑位置确定下来，则建筑与园区的关系，建筑与周边环境的关系也就确定下来。

确定建筑物的位置需要考虑诸多因素，如功能需求、安全防范、规划条件、景观、规范和标准、交通组织、地形地貌、地质条件、气候条件、周边环境的情况等。

2. 交通组织

建筑物不是孤立的，必须与外界发生联系，联系的纽带就是交通。园区内部的道路设计，内部道路与外部道路的接驳、出入口的设置，车道与人行道的设置都是要重点解决的问题。按照消防规范的要求，围绕建筑物及园区内部，必须设计消防车道，这是强制要求，必须遵守。与交通相联系的还有停车场的设置，停车场的位置、停车数量、停车场的出入口等。

3. 园林绿化

规划条件一般会对园林绿化提出相应的要求，这是园林绿化必须遵守的条件。某些对园林绿化要求较高的项目，会聘请专业的园林绿化设计顾问来进行设计。园林绿化设计要在规划条件容许范围内，设计出赏心悦目的园林景观。园林绿化包括硬质景观和软质景观两部分，其中硬质景观是指平台、步道、假山、凉亭、围堰、广场、排水及浇灌设施等需要土建及机电来施工的部分，而软质景观则是指绿化种植的部分，包含植物的选择及搭配等。

4. 竖向设计

与平面布置相对应，在总平面设计中，还必须考虑园区内各部分之间在竖向的相对位置关系，这便是竖向设计。竖向设计的主要目的是满足排水的需要。园区内应形成合理的、有组织的排水，避免水倒灌进入室内。竖向设计关键要解决以下几个问题：

1）建筑物的 ± 0.000m 标高与绝对标高的关系。

2）建筑物的室内室外必须设置合理的高差，避免雨水倒灌，并且方便建筑周边与地面的防水处理。

3）结合地形地貌，制定合理的排水组织方式和排水途径。

4）确定地形各关键点的标高。

5. 市政配套与管线综合

除了道路需要与外界接驳外，其他的给水、排水、供电、热水或蒸汽、燃气、通信及网络等市政配套都需要与外界进行连接。明确接驳的位置及对室外管线进行综合，表明各管线或管廊相互之间，以及与其他构筑物之间的位置，都是总平面设计要解决的问题。园区内的市政又称为小市政，如果可能的话，应在园区内设置综合管廊，将各市政管线在综合管廊内统一排布，这样不仅安全，而且也方便维修更换。

6. 明确主要的技术经济指标

总平面设计的基本参数往往是城市规划对建筑总平面的设计要求，其主要包括用地范围、用地性质、容积率、建筑密度、绿地率、建筑高度、建筑退红线距离、交通出入口的相关规定等，这些是表征总平面设计的一些主要特征参数，必须要满足规划条件的要求。表 6-1 列出了民用建筑总平面设计的主要技术经济指标。

表 6-1　民用建筑总平面设计的主要技术经济指标

序号	名称	单位	数量	备注
1	总用地面积	hm^2		
2	总建筑面积	m^2		地上、地下部分应分列，不同功能性质部分应分列
3	建筑基底总面积	hm^2		
4	道路广场总面积	hm^2		含停车场面积
5	绿地总面积	hm^2		可加注公共绿地面积
6	容积率			(2)／(1)
7	建筑密度	％		(3)／(1)
8	绿地率	％		(5)／(1)
9	小汽车/大客车停车泊位数	辆		室内、外应分列
10	自行车停放数量	辆		

✓ 6.2.2　建筑物的布置

建筑物的布置是总平面设计的核心，要确定建筑物的平面和竖向位置，建筑物的朝向、体量、平面形状及造型等。

如果只有一栋建筑物，则可以考虑将建筑布置在场地的主要位置或核心区域，环绕建筑物来布置道路、景观绿化等其他设计元素，这种布置突出了建筑的视觉中心地位。另一种方式是将建筑物布置在场地的一边或一角，这样有利于集中其他场地来布置其他元素，此时建筑物不再是视觉的中心，而是其他的设计元素。

如果项目有多栋建筑物，甚至是建筑群，那么建筑物之间的相对关系就是我们要关注的重点。主要的建筑物应放置在主要的位置或核心区域，作为视觉的中心，其他的建筑物围绕它而展开。或者所有的建筑物环绕项目周边而布置，围合成一个庭院，这是目前许多项目采用的方式。也有的项目围绕一个湖、一条河或一条道路来布置建筑物，这是许多房地产项目常用的方式。还有一种方式是将建筑物与环境穿插交融在一起，依据环境的特征来灵活布置建筑物，将建筑物与环境融为一体，这也是一种很好的方式。建筑物可以布置成对称的；可以布置成非对称的；也可以分散布置，也可以集中布置，没有一定之规。各种布置方式本身没有优劣之分，体现了建筑师的一种喜好，一种风格，但如果与其他的因素结合起来看，则需要对其优劣进行评判，主要包括以下几个因素：

1. 功能分区是否合理

在对建筑物进行布置前，需要对场地的功能进行分析，研究场地的功能组成、每种功能的特点、场地各部分的使用对象及其活动需求等，在此基础上进行功能分区。功能分区决定了场地组成内容的功能关系和空间位置关系。通常会将功能相近、使用联系比较相近的内容划分为一个区，如一个大学要划分为教学区和生活区，一个电视台要划分为节目制作区和播出区，一个医院要划分为门诊区和住院区等。每个项目的具体情况不同，其功能分区的划分也大不相同，如一个项目内部不同功能之间的安全性要求不同，或者其开放性不同，有的要向公众开放，有的则不是，在这种情况下，往往进行分区管理。所以，场地分区必须要结合项目的具体需求，从功能关系及空间关系的角度，进行全面而细致地审视和评价。

2. 经济性

非商业建筑往往关注其是否好用，而商业建筑则要关注其是否可以创造更多的利益，即经济性。经济性可以有两层含义：一是商业价值，二是建造费用是否省钱。建筑物的布置方式对两者都可能造成影响。在同样的规划条件下，巧妙的建筑物布置方式可以容许更多的建筑面积，这对房地产开发商至关重要。不同的建筑布置方式还将决定其景观、通风、日照等，这同样可以为居住项目创造更多价值。至于建造费用，则更容易理解，建造一栋高层建筑相比于相同面积的几栋低层建筑要花更多的费用。经济性的考量比较专业而且复杂，要根据项目的具体情况专门分析，此处不再赘述。

3. 与环境的融合

建筑物是否具有良好的景观、通风和日照，是否和景观融为一体，除了关于美学的评价以外，也涉及个人的经验和对美的感受。需要在建筑地点对周围的环境做一番详尽而深入的考察，看一下不同的方向、高度、时间条件下，周围的环境能否带来我们想要的景观和环境。通风和日照还要结合当地的自然气候条件来进行考虑，考察一下当地各个季节的主导风向是什么，建筑的位置是否能保证冬暖夏凉，是否有助于形成自然通风，窗户的平面位置是否垂直于夏季主导风向而平行于冬季主导风向，是否能够避免恶劣的气候如严寒、风雪、西晒，大雨是否对居住造成影响，等等，在这些方面，建筑师无疑更有经验，但从使用的角度，业主也要认真复核，提出自己的意见和要求。

4. 是否满足规范的要求

影响总平面布置的规范因素主要是建筑防火、建筑间距，以及建筑日照等标准及规范要求。

（1）建筑防火要求

如建筑之间必须满足防火间距要求，间距大小根据建筑耐火等级、建筑高度等因素而变化，最小不应少于6m。建筑周边还应设置消防车道，以便消防车能接近建筑扑灭火灾，消防车道的宽度不应小于3.5m，净空高度不应小于4m等，详见建筑相关防火规范。

(2) 建筑间距

建筑间距需综合考虑建筑通风与日照的要求，各类建筑之间的间距有明确的规定，并与建筑防火要求并行不悖，多层建筑与高层建筑的要求不同，各地的地理位置不同，具体要求也不一样，具体可参见相关规范。

(3) 建筑日照

对居住建筑来说，建筑日照应最低按照冬至日连续满窗有效日照时间大于 1h 来控制。建筑日照的地域性很强，除了按照建筑间距的规范要求，对于复杂形体的建筑，往往还要求做日照分析图，来保证满足日照时间的要求，等等。

消防和规划部门会有针对性地对规范中的强制性条文进行复查，其余还要请经验丰富的建筑师来对设计进行审查，这就要求我们对规范有比较详细的了解。

5. 与市政管线和道路的结合

市政能够提供的给水、排水、供电、热力、电信、道路等接口是客观条件，不易改变，建筑物的布置要考虑与市政接口的接驳，具体如下：一是路径尽量要短，以节省造价；二是要方便使用，不仅容量要够，而且应考虑使用和将来扩展都比较方便；三是方便管理，由于管线众多，其维护、扩展和管理都要统一考虑，集中设置，尽量采用管线共同沟或管廊的方式；四是技术上和周边情况的可行性，技术上不仅要考虑平面上的接驳，还要考虑竖向的高度问题，尤其是对于道路来说，必须要考虑出入口的接驳问题，道路的通行能力，车辆、人员的出入是否快捷、方便，建筑物的布置要充分有利于达成上述目标。

6. 技术上的限制

建筑物的布置也会受到技术条件的制约，如结构受力的要求，对于需要采用高大无柱空间的大面积功能区域，如大型会议室、剧场、影院等，只能单层设置，建筑形状也要简单规整，以满足结构抗震的要求。建筑的单层面积不宜过大，否则在消防设计、机电设计上都会遇到一系列问题，等等。

✅ 6.2.3 内部交通组织与停车场

总平面内部交通组织是质量控制的重点，需着重关注以下几个方面：

1. 基地出入口的设置

出入口的数量、种类、大小和位置，是我们重点要关注的几个方面。基地出入口主要是指人员和车辆的综合出入口，也有只供人员出入的出入口。出入口的位置选择要基于以下因素：

1）要对外部人流、车流进行充分的分析，出入口要迎合车流、人流的方向，以方便出入，快速疏散。

2）要满足城市规划条件的要求，为了避免人流、车流间的相互干扰，基地出入口不宜设在主干道上，与交叉路口的距离要满足规范要求，同时基地出入口与地铁出口、人行横道线、行人过街天桥、人行地道、公交车站、学校及公园的出入口等，也要保持一定的距离。基地出入口的设置最终要取得规划和交通部门的认可和批准。

3）基地出入口的设置还需要考虑内部功能的制约、与建筑物的出入口的关系、基地内部道路和交通流线的设置等，如基地内经常需要出入大型的车辆，则需要考虑外部道路的宽度，回转半径要满足要求；再比如，基地对安全防范有特殊要求的，则出入口的设置要考虑安全纵深距离、安全防范措施的需要等。

4）文化与环境的因素。出入口的设置构建了基地外部环境与内部空间的有机联系，也形成了基地和城市景观的一部分，反映了业主和城市的心理和文化特征。这一因素说起来有点抽象，举个例子，有的业主喜欢低调和私密，则出入口会设置在较为偏避的地方，且出入口和建筑物之间会有视线的阻隔；而有的业主喜欢宏大和庄严，则在出入口和建筑物的视觉关系上就应采取特殊的处理方式。对于公共建筑，则要考虑出入方便，增加建筑与人和城市的亲和性等。总而言之，选择出入口的位置不是一件容易的事情，要经过调查研究，仔细斟酌而定。

基地至少应有两个不同方向的通向城市道路的出入口，出入口应进行无障碍设计。

2. 道路和流线的设计

基地内的道路设计要在交通流线分析的基础上进行，交通流线分为人流、车流、物流和自行车流等。每种流线还应进行细分，如人流可分为员工、访客、贵宾等；车流可分为员工上班车流、外来访客车流、贵宾车流等；物流车辆也要仔细分类。流线的划分要根据项目的具体情况来确定，然后对每个流线的平均流量、高峰流量、对道路的要求（宽度、载重、净空高度、回转半径等）、各流线之间的相互关系进行分析。

在此基础上进行道路设计，当然不可能每个流线都要设置相应的道路，要根据流线之间的关系进行合并，不能合并的再分别设置相应的道路。道路的设置也应分主次，基地内设置一至两条主要道路，连接基地的主要出入口，其余再根据需要设置次要道路。道路的设置除了考虑各流线之间的相互关系之外，还要分析基地内其他的活动，如生产经营、人员活动集散等，道路应避开基地内的其他此类活动。道路的设计还应满足规范的要求，主要包括以下几方面内容：

（1）道路宽度

即行车部分的宽度，按行车通过量及种类确定，单车道为 3.5m，双车道为 6～7m。考虑机动车与自行车共用，单车道为 4m，双车道为 7m。

（2）道路转弯半径

依车型内边缘最小转弯半径而定，一般小客车的转弯半径为 6m，二轴载重汽车的转弯半径为 9m，公共汽车和三轴载重汽车的转弯半径为 12m。

（3）道路交叉路口的视距

即驾驶员看到侧向来车的最小反应距离，不应小于 21m。

（4）回车场

尽端道路不应小于 12m×12m。

（5）道路与建筑物的间距

应满足《城市居住区规划设计标准》（GB 50180—2018）的要求。

（6）消防规范的有关要求

道路设计完成以后，要认真地复核各流线的通行情况，确保满足需求、方便好用。

3. 停车库的设计

建设项目的地下室往往兼做地下车库，同时与人防工程相结合，平时作为地下车库，战时作为人防工程。停车库的设计涉及以下几方面内容：

（1）停车类型和数量的确定

确定停车的类型和数量，也是项目需求的一部分，城市规划对停车数量也有相应的要求，详见城市规划设计相关规范，但并非强制性的要求，停车库的设计要占用大量的建筑面积，在城市用地日益紧张的今天，往往是项目所无法承受的，从绿色出行的角度来说，倡导采用公共交通，停车数量的设计也要适当减少。所以，确定停车数量要以满足项目最低限度的需求为原则，适量设计。不同的停车类型对车库的净高、平面布局有较大影响，所以要分别确定小型车、中型车和大型车的停车数量，这对建筑设计很重要。

（2）停车库建筑面积的确定

停车库的建筑面积要依据停车数量和类型来确定。在方案设计阶段，往往是依据经验数据来估算，一般小型汽车按每辆 $30 \sim 40m^2$ 来估算。初步设计阶段，要对停车库的平面进行详细设计，包括确定了车辆的停放方式以后，才能够具体明确停车库的准确面积和具体停车数量。施工图设计阶段，还要根据实际情况进行微调。

（3）停车库的平面设计

平面设计要考虑诸多因素，包括车辆的停放方式、出入口的位置、安全管理的需求、人员的通行、不同类型车辆的行车流线等。合理的停放方式可以增加停放数量，因此需要对车辆的停放方式进行认真的排布。停车方式分为平行式、垂直式和斜放式三种。

1）平行式停车方式。车身方向与通道平行，是狭长地段停车的常用形式。特点是所需停车带最小，驶出车辆方便，但占用的停车面积最大。

2）垂直式停车方式。车身方向与通道垂直，是最常用的停车方式之一。特点是单位长度内停放的车辆最多，占用停车道宽度最大，但用地紧凑且进出便利，在进出停车时需要倒车一次，因而要求通道至少有两个车道宽。

3）斜放式停车方式。车身方向与通道成角度停放，一般有30°、45°、60°三种角度。特点是停车带宽度随车长和停放角度有所不同，适用于场地受限制时采用，车辆出入方便，且出入时占用车行道宽度较小，有利于迅速停车与疏散。缺点是单位停车面积比垂直停放方式要大，特别是成30°停放，用地面积最大。

小型汽车停车场停车参考尺寸如图6-1所示。

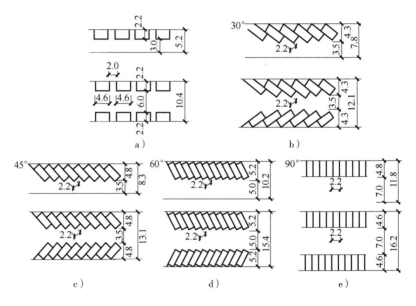

图6-1 小型汽车停车场停车参考尺寸

在确定车辆停放方式时，要结合现场的平面尺寸和出入通行情况来进行。

车库内流线的设计要结合出入口的位置，总的原则是进出的车流不相互干扰，方便车库内的安全管理和车流疏导，如果车库内实施分区管理，更要注意不同分区之间的车流的相互关系，重点审视一下高峰期的车辆通行情况，是否有利于车辆的快速疏散。同时，对流线的宽度、转弯半径、净空高度也要逐一进行审核。双向行驶的通道宽度不应小于5.5m，单向行驶的通道宽度不应小于3.0m。弯道处转弯半径（内径）小于15m时，双向行驶的通道宽度不应小于7.0m，单向行驶的通道宽度不应小于4.0m。

（4）停车库的出入口设计

停车库出入口的设置要考虑数量、位置、宽度、转弯半径、单向或双向、坡度、防风、防冻、防雨和与外部道路的衔接等问题。

出入口的数量与停车库的规模有关，以上海市规划要求为例，小于100辆的停车数：可设一个双车道或两个单车道的出入口；100~200辆的停车数：应设置不少于两个单车道的出入口；200~500辆的停车数：应设置不少于两条车道进、两条车道出的出入口；大于或等于500辆的停车数：应设置不少于三个双车道的出入口。

车库出入口的位置不应直接面向城市主要道路，而应面向基地内道路，而且出入口距离基地道路的交叉路口不应小于7.5m；出入口与道路垂直时，出入口与道路红线应保持不小于7.5m的安全距离；出入口与道路平行时，应经不小于7.5m的缓冲车道汇入基地道路。不同出入口之间也要保持大于5m的净距。

特别提到的一点是，在北方寒冷地区，在出入口车道底部，要设置一个弯道，避免冷空气直接贯入车库，更要避免不同的出入口之间冷空气能够直接流通，形成贯穿车库的穿堂风，这对于防冻非常不利。所以在出入口的设计上，要特别注意采取防风、防冻以及防雨的措施。

对于出入口的宽度，小型车和微型车单向行驶时不宜小于3.5m，双向行驶时不宜小于6.0m；大中型车单向行驶时不宜小于5m，双向行驶时不宜小于7m。微型车、小型车车道的最大坡度：直线坡道15%，曲线坡道12%。

✅ 6.2.4 景观、绿地、建筑小品

景观分为硬质景观和软质景观两部分。其中，绿化属于软质景观，而建筑小品则是综合了硬质景观和软质景观，甚至更多设计元素的一种建筑部件，它可以布置在室内，也可以布置在室外；它可以是固定

的，也可以是可移动的；它可以丰富空间，美化环境，甚至具有一定的功能。建筑小品的形式包括公共家具（如桌、椅、凳）、种植容器、绿地灯具、垃圾桶、环境标志、围栏护柱、小桥汀步、亭廊花架、景门、景窗、铺地、喷泉、雕塑等。

景观的设计专业性很强，往往需要建筑师和园林设计顾问共同配合来完成。景观设计同时还需要结构和机电专业的配合，如结构配合进行挡土墙的设计、二次结构的设计等，机电则需要提供设备用电、景观照明设计，绿化浇灌用水设计；如果有水景，还需要提供水景设计；如果考虑采用雨水循环利用系统，还需要进行相应的系统设计，包括雨水的采集、贮存、再利用及控制等。

景观的施工往往在项目竣工之前，其设计往往也在设计后期。如何提高景观设计的质量，可以从以下几个方面入手：

1. 是否符合规划和规范要求

规划对绿地率是有要求的，必须要满足，其他还包括对景观退用地红线的距离、景观退道路红线的距离、绿地的规模和性质等。

2. 美学与功能

景观是否美观，我们这里不做讨论，但景观无疑要承担一定的功能，如美化环境、休闲娱乐等。此外，有些景观还要承担集会、媒体拍摄外景、视线阻隔、展示等功能，因项目的需求而异，故应根据需求来审核。

3. 设计深度及设计内容的完备性

《建筑工程设计文件深度规定》对于景观设计的深度没有具体的要求，但有行业标准《建筑场地园林景观设计深度及图样》（06SJ805—2016）可资参考，是否采用上述标准，在设计合同中要明确约定。

景观设计也可以分为方案设计、初步设计和施工图设计三个阶段，也可以在方案确定后，直接进行施工图设计，设计深度关键要满足招标控制造价以及施工的要求，设计内容不仅局限于景观设计本身，还包括相关的结构、机电配套工程等，不能漏项。

4. 是否有利于后期维护管理

从使用的角度出发，景观是否有利于使用期间的维护、管理，重点要考虑以下两个问题：一是用水的问题，包括植物灌溉的问题，是否节水，如采用水景，则有水景维护的问题；二是植物选择的问题，要选择那些适应于当地气候、易于成活和养护的植物品种。

6.2.5 竖向设计

竖向设计的质量审核主要关注以下几个方面：

1. 是否依地势布置建筑物和其他各种设计元素

对道路、景观、停车场等设计元素合理的布置，能够有效地减少工程土方量，创造优美的景观，避开地质灾害如泥石流、塌方和地震的影响，同时可为排水、交通组织等创造有利的条件。

2. 是否有利于排水

主要关注两方面：一是室外排水的组织，要利用水的重力特性，合理组织室外排水，即使在最大降水量的情况下，雨水也能够得到及时排放；二是室内外的高差问题，宁可室内地面高一些，也要保证在最不利的情况下，雨水不会倒灌入室内。上述第二个方面是我们在设计中常常遇到的问题，室外地坪设计坡度较小，在施工过程中往往达不到，就会导致室内外的高差不足，造成雨水倒灌，所以室内外的高差尽量要取上限，甚至更大一些。

3. 是否有利于管线的接驳

市政管线的高程是难以改变的，所以在竖向设计时要考虑竖向接驳的可行性。

4. 是否有利于交通

道路也是同样的情况，必须要考虑竖向接驳的可行性，以及交通是否方便等问题。

6.2.6 室外管线

在总平面设计时，必须要注意室外管线的设计，主要有以下内容：

1. 市政管线和项目管线的接口位置和形式

供水、排水、热力、供电、燃气、电信等市政接口的位置和形式是不一样的，不仅仅是接驳的问题，还涉及开闭、计量、管理维护等问题，接口的位置也是市政设计和项目设计的分界点，分界点可以在室外，也可以在室内，分界点以外须由市政设计单位来进行设计，而分界点以内则由建筑设计单位来承担，也可委托给市政设计单位，关键是设计范围要划分清楚。

具体来说，供水要在适当的位置设置供水总阀门和供水总表，一般在室外设置表井及阀门井。

排水则不涉及计量的问题，直接进行管道接驳即可，接驳处设置检查井。

热力的接口一般设在项目热交换站，进行热力切换和计量，如果项目采用直接供热的方式，没有热交换站，则需要在室内或室外寻找一合适的机房进行热力的切换和计量。

供电的接口位置与项目的规模有关，如果项目设有变电站，则电力的接口设在变电站进行切换和计量；如果没有变电站，则直接设置在用户端进行电源接入和计量，具体位置由设计确定。

燃气接口也是同样的情况，如果项目设置有燃气调压站，则燃气接入和计量设在燃气调压站，调压站一般位于室外，与建筑有一定的安全距离，如果没有调压站，则接口和计量设在用户端，具体位置由设计确定。

电信的接口一般位于建筑地下一层，并由此接入机房。

不管是何种市政管线的接口，其接口位置都要认真考虑，因为这不仅涉及设计工作的界面，同时还会影响设计功能的实现和管理维护等。

2. 管线的布置与综合

用地红线内的管线，包括电力、燃气、供热、供水、排水、电信等，通常采用暗埋即地下敷设的方式，《城市居住区规划设计标准》（GB 50180—2018）对各种管线的敷设方式，埋设顺序，各种管线之间的水平和垂直间距，各种管线与建筑物、绿地等其他设施之间的距离要求等，都有比较明确的规定，这些规定是进行管线综合的基础。此外，还应考虑后期使用、维护、更换、升级、管理方面的要求，统筹进行管线综合。

建设方应组织建筑设计方及各市政设计方进行管线综合，编制管线综合的方案。如果可能，应设置地下综合管廊或管沟，将各种管线综合布置在一起，以便于将来的管线维护、升级和管理，从而大大提高管线综合设计的水平。

6.3 建筑设计

6.3.1 概念和共性技术指标

建筑设计的最基本元素是空间和空间的组合，以及各种各样的材料和设备。但这些最基本的元素却是千变万化的，其构成了建筑设计的丰富多彩。建筑物本身即是一个巨大的空间形体，从最简单的方形到各种复杂的几何形体，加上建筑表面的材料，综合构成了建筑的外观，建筑物内部则是由各种各样的更小的空间有机地组合在一起的，各种空间的大小、性质及各个空间之间的组合方式，构成了建筑的功能需求。

由于每个空间的功能不同，导致了组成空间的各种设计要素的不同。建筑设计的目的就是要识别这些大大小小、功能性质各异的空间，并确定这些空间的设计要素。组成空间的设计要素是相当广泛的，依据空间功能的不同而异，如空间的尺寸、位置、保温、防水、防火、隔声、荷载、用电、照明、供暖、通风、装饰等，对建筑功能空间的要求也是业主在提出设计需求时的主要内容，建筑设计的目的就是要将这些功能空间有机地组合起来，不仅要赋予这些空间以完善的功能，而且要赋予其建筑的艺术性。

从控制建筑设计的质量来说，要从以下四个方面入手：建筑形体与外幕墙、功能分区的划分及其相互关系、功能分区内部各单元空间之间的关系以及各单元空间的性质。

上述这四个方面，由外到内，由大到小，由整体到局部，符合解决问题的规律，也与设计阶段的划分相一致。在方案设计阶段，主要解决建筑形体与外幕墙、功能分区的划分问题；在初步设计阶段，则要进一步明确功能分区内部各单元空间之间的关系，以及单元空间的主要性质；而在施工图设计阶段，则要详细完善单元空间的所有性质，明确其具体参数。

建筑物有一些共性的技术参数必须要明确，在初步设计的开始阶段，要重点讨论确定其取值，见表6-2。

表6-2 建筑物的共性技术参数

序号	项目	说明
1	建筑总面积	地上、地下应分列
2	建筑占地面积	
3	建筑层数、层高、总高	总高度应符合规划要求，地下、地上分列
4	建筑防火类别	按照《建筑设计防火规范》（GB 50016—2014）（2018年版），高层建筑按照其使用性质、火灾危险性、疏散和扑救难度分为两类：一类和二类。一类建筑的耐火等级不应低于一级；二类建筑的耐火等级不应低于二级
5	耐火等级	按照《建筑防火设计规范》（GB 50016—2014）（2018年版），民用建筑，其耐火等级分为一级、二级、三级、四级共四级，高层建筑的耐火等级应分为一级、二级两级
6	设计使用年限	建筑设计使用年限是依据建筑结构的耐久年限来确定的。根据《建筑结构可靠性设计统一标准》（GB50068—2018），分为4类，临时性结构为5年，易于替换的结构构件为25年，普通房屋和构筑物为50年，纪念性建筑和特别重要的建筑结构为100年
7	地震基本烈度	按国家规定的权限批准作为一个地区抗震设防依据的地震烈度，可依据《建筑抗震设计规范》（GB 50011—2010）来确定
8	主体结构选型	在下文介绍结构专业相关内容时再作详细的说明

序号	项目	说明
9	人防类别和防护等级	人防工程按功能分为以下几类：①指挥、通信。②中心医院及急救医院。③人员掩蔽部：专业队员、一等人员（局级和局级以上）、二等人员。④专业队装备部。⑤配套工程：区域水源、电源、监测中心、食品加工、物资加工、物资库、人防通道等。人防工程按抗力分为1、2、2B、3、4、4B、5、6八个等级，按防化等级分为甲、乙、丙、丁四个等级 目前，民用建筑工程中建设的人防主要为人员掩蔽部，级别为5级和6级，并实施平战结合，平时主要用作地下停车库，战时作为人防设施，其中5级人防抗力为0.1MPa，6级人防抗力为0.05MPa。人防工程首先应根据人防工程总体规划和当地人防部门的要求进行设计，确定其部位、规模、使用功能和要求
10	地下室防水等级	地下室工程应根据建筑物的性质、重要程度、使用功能、水文地质状况、水位高低以及埋置深度等，将其防水分为三个等级，并按不同等级进行防水设防。地下室防水等级及设防要求见表6-3
11	屋面防水等级	屋面防水等级分为Ⅰ～Ⅳ级，其中永久性工程分为Ⅰ～Ⅲ级 Ⅰ级设防是指特别重要、对防水有特殊要求的工程，如国家级国际政治活动中心、国家级博物馆、档案馆、国际机场、重要纪念性建筑如人民大会堂、国宾馆、国家图书馆、故宫博物馆等影响国际声誉的建筑，一旦渗漏会造成珍藏物不可挽回的损失的使用场所及工业建筑仓库、实验室建筑，一旦渗漏就会造成严重灾害的建筑等，均属Ⅰ级设防，要求合理使用年限为25年 要求三道或三道以上防水设防，宜选用合成高分子防水卷材、高聚物改性沥青防水卷材、金属板材、合成高分子防水涂料、细石混凝土等材料 Ⅱ级设防是指重要的建筑和高层建筑，如城市中较大型的公共建筑、重要的博物馆、图书馆、医院、星级宾馆、影剧院、会堂、车站、大型厂房、恒温恒湿车间、实验室、别墅等，包括超过12层的高层建筑，合理使用年限为15年 要求两道防水设防。宜选用高聚物改性沥青防水卷材、合成高分子防水卷材、金属板材、合成高分子防水涂料、高聚物改性沥青水涂料、细石混凝土、平瓦、油毡瓦等材料 Ⅲ级设防是指一般建筑，包括一般的工业与民用建筑、普通住宅、一般办公楼、学校、旅馆等，合理使用年限为10年 宜选用三毡四油沥青防水卷材、合成高分子防水卷材、高聚物改性沥青防水卷材、金属板材、合成高分子防水涂料、高聚物改性沥青防水涂料、细石混凝土、平瓦、油毡瓦等材料 Ⅳ级设防为临易永久建筑，如简易宿舍、车间、计划改建的临时防水的建筑，合理使用年限为5年

表6-3 地下室防水等级划分及设防要求

项目	防水等级		
	I	II	III
建筑物类别	特别重要的工业与民用建筑	重要的工业与民用建筑	一般的工业与民用建筑
设防要求	三道或三道以上的防水设防，其一必须有一道钢筋混凝土结构自防水；其二设柔性防水一道；其三采取其他防水措施	两道防水设防，其一有一道钢筋混凝土结构自防水，其二设柔性防水一道	一道或两道防水设防，可以是刚性结构自防水或全外包柔性防水或刚柔结合的防水
选材及做法	1. 补偿收缩混凝土结构自防水 2. 弹性体合成高分子防水卷材或聚酯胎高聚物改性沥青防水卷材 3. 卷材外侧回填三七灰土 4. 另做架空地板衬套墙及排水处理	1. 补偿收缩混凝土结构自防水 2. 合成高分子防水卷材、高聚物改性沥青防水卷材或合成高分子防水涂料（仅适用于外防外贴法）	混凝土结构自防水或外包柔性防水

注：地下室工程防水应采取刚性防水与柔性防水相结合的设防措施。结构混凝土自防水的厚度和强度等级由结构设计确定，其抗渗等级不应小于P8。在混凝土中宜掺加微膨胀剂、密实剂及减水剂等。

6.3.2 建筑的整体质量控制要素

建筑方案一旦选定，随之签订设计合同，建筑设计就需要尽快进入初步设计阶段，对设计中的一些主要技术方案和技术参数展开研究。这些方案和参数重点包括以下几方面内容：

1. 层高

层高是建筑设计中很重要的一个参数，与之相关的是室内净高。层高是指上下楼层之间的垂直高度，而净高则是指层高扣除了结构、管线、吊顶等高度以后，实实在在获得的无障碍影响的净空高度。不同种类的建筑对层高和净空高度的要求不一样，具体要求散见于各类相关规范，以下介绍几个常见要求：

(1)《住宅设计规范》(GB 50096—2011) 要求

普通住宅层高不宜低于 2.8m；卧室、起居室（厅）的室内净高不应低于 2.4m，局部净高不应低于 2.1m，且其面积不应大于室内使用面积的 1/3；厨房、卫生间室内净高不应低于 2.2m。

(2)《办公建筑设计标准》(JGJ/T 67—2019) 要求

办公室的室内净高不得低于 2.6m，设空调的可不低于 2.4m，走道净高不得低于 2.1m，储藏间净高不得低于 2.0m。

(3)《旅馆建筑设计规范》(JGJ 62—2014) 要求

客房居住部分净高，设空调时，不应低于 2.4m，不设空调时，不应低于 2.6m，卫生间、客房内过道、客房层公共走道净高不应低于 2.1m，等等。

除了建筑的种类决定净空高度的要求外，室内空间的大小也会对净高的要求有影响，空间越大，净高也相应要在规范要求的基础上适当增加，否则会让人感觉压抑。

确定建筑的层高要考虑诸多因素，过大过小都不好。层高过大，要增加工程造价，降低经济性，同时用起来也不一定舒服；而过小的层高，则难以满足净空要求。在初步设计开始，就要对层高进行认真的研究，确定合理的层高。

层高一般由四部分高度构成：结构和地面做法高度、管线布置高度、吊顶高度，以及室内功能要求的净空高度。具体如下：

1）结构高度主要是指结构梁的高度，梁的高度一般为其跨度的 1/12 ~ 1/8，这是影响层高的一个主要因素。有些项目尝试在梁上预留管线洞口的方法来降低梁高对层高的影响。地面做法则很多，厚度差别也很大，包括石材地板、木地板、架空地板，还往往包括垫层、防水等做法，厚度从几厘米到几十厘米，视具体做法而定。

2）管线布置高度。管线往往吊挂在结构梁和楼板下，对高度的影响要看管线的种类、数量、大小及排布情况，其中风管是关键，因为其尺寸最大，其余相关内容可参看管线综合部分介绍。

3）吊顶高度。吊顶本身的高度并不大，加上支架高度，一般也不会超过 10cm。

4）净高。依据空间的功能需求而定。

综合上述因素来看，净空高度依赖于层高，但层高大，并不一定就能获得较大的净空高度，还需要依赖良好的设计，所以确定层高的原则是在充分考虑各种制约因素的基础上，再留出适当的裕度。

目前国家规范对层高没有明确的规定，一般来说，住宅常用的层高是 2.8～3.0m；办公楼常用层高是 3.0～4.0m；酒店常用层高是 3.3～4.0m，具体层高还要依据项目的需求而定。高层建筑各层的层高应尽量一致。

2. 核心筒的布置

核心筒是高层建筑的一个重要部件，不仅要承担结构的水平受力，还要承担竖向联系的功能。电梯、楼梯、机电各专业垂直主干管线均需布置在核心筒内，所以核心筒设计非常重要。核心筒的设计要素有两个：一是大小，二是平面位置。

核心筒的大小主要依据其功能需求来确定，核心筒内部要布置电梯、楼梯、机电等各专业竖井，有时还要设置卫生间、服务间、设备间等，高层建筑核心筒内的空间往往都非常紧张，是各专业、各项功能争夺空间的重点，必须要平衡好各种需求之间的关系。

建筑的高度越高，核心筒越大。在初步设计开始时，要根据具体的功能需要来计算确定核心筒的大小。有的建筑方案核心筒区域被结构剪力墙限定为一个非常明确的区域，想修改其大小是不可能的，这时就更需要合理筹划核心筒内各项功能布置的安排，优化核心筒的平面设计，必要时可将部分竖井或功能布置移至核心筒外适当的区域。

核心筒往往布置在建筑标准层的形心位置，核心筒的刚度重心与形心重合，这样对结构受力最有利，同时对管线的水平排布也最有利。这样不仅可以减小水平管线的距离，也可以有效地降低水平管线排布占用的高度，增加室内净空高度；但缺点是减少了室内空间布置的灵活性。

在一些特殊情况下，核心筒必须要偏置，结构上就必须要采取相应的措施，也必然会增加结构造价。同时，要将部分管线竖井移出核心筒，放置在建筑标准层的其他合适地方，设置管线竖井，以降低水平管线的长度和数量，同时也有助于增加净空高度。这一点很重要，容易被忽略。

3. 特殊空间的布置

特殊空间主要是指高大无柱的大空间、安全级别较高的空间、高噪声高污染空间等，在功能分区布置时均要给予特殊考虑：高大无柱大空间是指大型的会议室、剧院、礼堂、车间等，因受力要求，应单层设置，或放置在建筑的顶层；安全级别较高空间则需要考虑物理空间上的隔离，留出防护纵深；高噪声高污染空间如发电机房、垃圾站、大型空调机房等，应隔离设置，以与其他空间留出防护距离，如空间紧张可放置在建筑的地下，并采取必要的防护措施；等等。

4. 楼梯和电梯

楼梯和电梯一般放置在高层建筑的核心筒内，楼梯和电梯的设置要考虑以下两方面的需求：一是人员交通的需求；二是消防疏散的需求。楼梯和电梯的设置主要涉及几个问题：数量、形式、大小、楼梯间的形式、是否需要消防前室等，下面分别说明。

（1）楼梯

只要建筑楼层超过一层，就需要设置楼梯，楼梯要满足交通需求，也要满足火灾时的疏散需求。从防火疏散的角度来说，两部楼梯是必要的，同时对应两个逃生的安全出口，保证在多数火灾情况下，至少有一部楼梯可以逃生。

所以有关规范要求，公共建筑和走廊式住宅一般均应设置两部楼梯，如果疏散距离过长、人员数量过大，还要增加楼梯。有些情况可以降低要求，如单元式住宅、小规模的低层公共建筑等，可以设置一部楼梯，但必须满足某些限定条件，这些条件散见于各类建筑的相关标准规范之中。

上述的情况都是针对一个防火分区来定义的，如果一个建筑的单层平面较大，要划分为多个防火分区，则每个防火分区都应至少有两个逃生出口，相邻的两个防火分区可以共用一部楼梯作为一个共同的逃生出口。如果设置两部楼梯确实有困难，也可以采取一种防烟剪刀楼梯的做法，在一个楼梯间做出两部相互隔离的楼梯来，但这种做法须满足规范的限定条件。

楼梯设计相关的参数有楼梯的宽度，楼梯在建筑平面内的位置，楼梯间是开敞还是封闭，是否要设置防烟前室等，可参照各类建筑的相关设计规范及防火设计规范，不再赘述。

(2) 电梯

电梯是高层建筑的主要竖向交通工具，但电梯不能作为消防疏散的通道。电梯分为普通电梯和消防电梯两种，消防电梯也可兼做普通电梯使用，但普通电梯不能用作消防电梯，因为消防电梯在防火安全上有诸多更高的要求。火灾发生时，只有消防员可以乘坐消防电梯进行火灾扑救，而普通民众还是要通过疏散楼梯进行疏散。电梯的设计主要考虑以下几个方面的问题：

1）数量。要考虑普通电梯和消防电梯的数量，《住宅设计规范》（GB 50096—2011）规定，当住宅建筑层数为7层或7层以上时，或住宅高度超过16m时，就应设置电梯，而办公建筑则是5层及以上，就应加装电梯，其他类型的建筑也各自有相应的规定。

确定电梯的数量有一些基本的原则和要求：一般决定电梯输送能力的主要参数为电梯数量、承载能力与额定速度；输送能力能满足5min高峰期的乘梯要求，就可以认为电梯的选用是合理的；电梯到达门厅的时间间隔不应太长，一般要求不应超过2~3min。简单的估算办法：电梯从底层直达顶层应不超过45~60s，同时符合消防电梯要求；候梯时间与乘梯时间应尽量缩短。这是为了满足乘客的心理要求。比较能接受的限度是：候梯时间不超过30s，乘梯时间不超过90s。上述指标也是采用公式计算电梯数量的基础。

确定电梯数量一般有两种方法：一是按公式计算，另一种是按经验确定。目前北京、上海大都采用后一种方法。关于电梯计算公式，国外的计算公式一般很复杂，有很多未知数需确定；国内的计算公式从收集的资料来看，有五种左右。由于研究角度不同，计算所要求的未知数也不一样，而且很多系数需要按经验或实测而定，因此即使按公式计算，也只是一个近似值。

为简化设计、方便选用，北京、上海等地设计院大都根据各自的经验确定基本数据。如北京某大型国有设计院的资料表明：每台电梯的服务户数为板式住宅在 66~120 户；塔式住宅在 56~84 户，认为每台电梯服务 100 户是合理的。上海市的资料表明，在 20 层以下的高层住宅中，每台 750 kg 速度为 1m/s 的客梯可服务 60~100 户。最近，北京首都规划建设委员会住宅专家组讨论，认为一台电梯服务 60~90 户是适宜的。公共建筑应有更高的要求。

《住宅设计规范》（GB 50096—2011）第 4.1.7 条要求，12 层及以上的高层住宅，每栋楼设置的电梯不应少于两台，其中宜配置一台可容纳担架的电梯。《建筑设计防火规范》（GB 50016—2014）（2018 年版）对消防电梯的设置数量有明确的要求，具体可查阅此规范规定。

电梯设置台数的多少关系到住宅建筑的电梯服务水平和经济效益，要结合使用需求和规范要求共同确定。

2）规格。电梯的种类和规格很多，其类型有载客电梯、载货电梯、自动扶梯等。其基本参数有额定载重量、运行速度等。从机房形式来看有上机房、下机房、无机房等。具体可参见国家标准《电梯主参数及轿厢、井道、机房的型式与尺寸》（GB/T 7025.1—1997）的规定，以及各厂家的技术参数。

3）消防电梯的特殊要求。是否需设置消防前室，具体可参见消防电梯相关设计规范。

5. 消防

消防设计简单来说就是防火设计，它是建筑设计的一个主要方面，也是最为复杂的一个方面。其复杂性不仅体现在技术方面，而且也体现在工程管理方面。每一个从事过工程管理的人都知道，消防设计审批和消防验收是工程管理的两个难点，也是两个关键点。

要将消防设计解释得简单明确，让读者快速建立概念不是一件容易的事，因为它涉及的专业知识实在是浩繁，不仅仅是建筑专业的内容，还包括结构、机电、弱电专业的很多知识。下面就先来谈谈设计管理方面的内容，再来谈谈一些技术概念。

国家规范对于消防设计的规定最为完善、严格，消防管理部门在初步设计阶段开始就对初步设计进行审查，在施工图阶段进行复查，在工程竣工前进行最终验收。对于超出消防规范的部分，一般要进行消防性能化设计，同时还要对消防性能化设计进行评估，在此基础上再召开专家论证会，根据专家意见来确定最终的消防审批意见。

所谓消防性能化设计，是与我们常规的按照规范条文来设计的方法相区别的，适用于国家和本地的消防规范和标准未能有效涵盖，按规范和标准实施确有困难或影响建筑物使用功能的建筑工程，是一种基于性能的设计方法，它主要通过设定火灾场景、评估标准、计算机模拟火灾发展过程的技术来实现防火设计，现在能进行消防性能化设计的设计单位并不多，消防审批单位对消防性能化设计的审批也非常慎重。

下面对消防设计进行一个通俗的说明，其设计理念是尽量预防火灾事故的发生，在不幸发生火灾的情况下，要能够控制烟雾和火势的蔓延，建筑内人员要能得到及时的报警，并有足够的时间使受困人员疏散逃生，同时建筑自身应具备一定的排烟和灭火能力，重要的财物和设备应能够得到保全，外部的消防车应能够接近建筑物进行外部灭火等。所有的消防设计都是围绕上述的理念来展开的。但即使再完善的消防设计也难以完全避免火灾，而且消防设计会导致大量的投入，在经济上也需要一个投入和产出的平衡，所以对火灾事故的预防也只是一个基于某个概率水平的保证。

在上述的消防设计理念指导下，消防设计规范提出了以下几种消防措施和要求：

1）如对于火灾事故的预防，即首先明确建筑物的耐火等级和构件的耐火极限。建筑物的耐火等级分为一至四级，划分的依据，相关规范有明确的要求。结构构件的耐火极限则要根据构件的种类、建筑物的耐火等级、构件的重要性来确定，从 0.5h 到 3h 不等，重要构件如柱、支撑等须达到 3h。消防设计要求建筑应按照相关规范要求，采用不燃或难燃的材料，不管是结构材料还是装饰材料等，都要满足消防规范对于材料耐火性能的要求。规范还明确了建筑之间的防火间距等。

2）对于火灾事故下防止烟雾和火势的蔓延，主要是通过设置防火

建筑工程项目管理完全手册——如何从业主的角度进行项目管理

分区和防烟分区来实现。防火分区是将建筑空间划分为独立的防火单元，其面积大小要根据功能、重要性、火灾危险性、消防扑救能力等因素来确定，具体大小相关规范都有明确的要求。

当一个防火分区内出现火灾时，防火门应自动闭合实现防火分区的封闭，并起动该分区内相应的报警、排烟、灭火等设施，实现人员疏散和灭火排烟。防火分区的周边围护墙体、楼板、门、窗等构件应具有 3h 的耐火极限以控制火势蔓延，为人员疏散和消防扑救赢得时间。

防烟分区是防火分区的细分，且不宜大于 500m^2，也不能跨越防火分区，防烟分区不是一个封闭空间，因为烟气轻于空气，会聚集在屋内顶板的下方，所以防烟分区是由挡烟垂壁、隔墙或从顶板下凸出高度不小于 50cm 的梁等具有一定耐火性能的不燃烧体来划分的防烟、蓄烟空间。设置防烟分区的目的是为了减缓烟气的扩散，并有利于集中排烟。这对于挽救生命非常重要，因为火灾事故中，人往往是熏死的而非烧死。

3）人员的疏散，也是消防设计的一个重要方面，在建筑平面设计上有很多要求，如每个防火分区至少有两个出口，人员疏散的门和通道要有足够的宽度，疏散通道的长度不能太长，必须设置疏散楼梯等。在火灾发生的情况下，报警系统应能够起动，提醒人员尽快撤离，疏散通道应有明确的逃生路线指示等，所有这些设计都是为了保证人员能够在一定的时间内逃离火场，之所以疏散通道不能太长，是为了避免人员在逃生过程中死亡。

对于超过 100m 的高层建筑，为了避免人员因逃生路线太长或逃生路线中断，还要求每隔 10～15 层设置避难层。所谓避难层，就是某个楼层，与普通楼层相比，有更完善的消防设施，能够供逃生人员临时避难以等待救援。

4）建筑物自身应具备一定的排烟灭火能力，以控制火情减小灾害。排烟设施分为两种：自然排烟和机械排烟。自然排烟是利用通向室外的窗户和出口来排烟，而机械排烟则是采用机械加压送风的方式来进行排烟。灭火设施则种类很多，最常见的是消火栓系统，是一种手动系统，其他的系统还有喷淋系统、雨淋系统、气体灭火系统等，适用于不同的功能区域。这些系统可以手动，也可自动起动，一般都提供两种起动方式，可灵活使用。

5）为了保证消防车能够接近建筑物进行灭火，建筑的四周应设置消防通道，供消防车通行。

6）消防控制中心。建筑物应分散或集中设置消防控制室，并须24h有人值守，实现对建筑物的消防监控。

以上介绍的只是消防设计的一些主要方面，实际上相关消防规范的各项规定都非常具体、严格，而且消防设计会对建筑的功能和使用造成一定的影响，有时候这种影响是很难忽视的。如何既能满足消防要求，又不致对建筑功能和造价有较大影响，是项目管理者对消防设计管理的关键点。

6. 人防工程设计

人防工程首先应根据人防工程总体规划和当地人防部门的要求进行设计，以确定其部位、规模、使用功能和要求。

人防单元一般设置在地下室，按照平战结合设计，平时作车库，战时用作人防。人防设计对建筑、结构、供电、通风、通信等专业都有要求，建筑要进行平面设计，确定防护单元、出入口、通风口，结构保证其有足够的抗力，供电、通风都要独立，应具有更高的可靠性等。人防图纸要独立成册，供人防部门审查备案。人防审查也是从初步设计阶段开始，在施工图阶段复核备案，工程竣工时验收，按照这样的程序进行管理的。

✅ 6.3.3　建筑的外墙与屋顶

外墙和屋顶不仅是建筑的衣服，对建筑的美观起重要的作用，而且作为建筑的围护部件，要承担装饰、保温、防水、隔声、遮阳、遮光、采光、通风、安全防护等一系列功能。低层建筑，其外墙往往还要承担结构承重的功能；但在高层建筑中，外墙一般不再承担承重的功能。幕墙是现代高层建筑外墙采用的主要形式。

控制建筑外墙和屋顶的设计质量要从以下几方面入手：

1. 设计程序的完备与合理

建筑的外墙和屋顶传统上都是建筑师的设计工作范围，但由于社会分工的发展，外墙成为越来越专业化的领域，现在一般统称为幕墙，幕墙专业分包商不仅承担幕墙制作和安装的任务，还负责幕墙的深化设计。

建筑师提出幕墙设计的范围、表面效果要求、材料选择要求、幕墙体系的技术要求等，业主通过招标选定幕墙专业承包商，幕墙专业承包商在此基础上进行幕墙的深化设计，并提供各种材料样板，在工地现场制作工程样板，供业主和建筑师来共同确认幕墙效果。同时，幕墙体系还需要完成幕墙的四项性能（即水密性、气密性、平面内变形性和平面外变形性）试验，以达到建筑师和规范的要求，在此基础上，建筑师对幕墙专业分包商的深化设计图纸进行审核，签字确认后，幕墙分包商可以进行幕墙的采购、制作和安装。

2. 幕墙形式的选择

幕墙的形式很多，以材料来分有石材幕墙、金属幕墙、玻璃幕墙三大类，按安装方式来分有单元式幕墙与构件式幕墙两大类。玻璃幕墙又可以分为明框幕墙和隐框幕墙两大类。此外，还有一种特殊形式的幕墙称为双层可呼吸式幕墙，造价较高，使用较少，目前高层建筑常用的为单元式玻璃幕墙。

建筑师和业主都喜欢采用玻璃幕墙作为建筑的外围护体系，原因就在于玻璃幕墙能够提供较好的室内外建筑效果。幕墙深化设计也分担了建筑师的部分工作量，而且幕墙单元板块可以在工厂实现标准化加工，质量得到有效提高，在结构出地面后即可以同步安装，尽快实现室内封闭，为后续的机电安装和装修创造条件，大大地提高了项目的工程进度。

相对于传统的窗户来说，幕墙的造价相对较高，但就其优点来说，造价的增加倒不是问题。但是否选用玻璃幕墙有两点业主应予以注意：一是幕墙的使用阶段清洗和维护问题，尤其是北方的城市，风沙大，环境污染较为严重，幕墙需要不间断地清洗和维护；二是胶的使用寿命问题，玻璃幕墙不可避免要采用结构密封胶，根据我国标准《建筑用硅酮结构密封胶》（GB 16776—2005）及美国标准《硅酮结构密封胶》（ASTM C 1184—2005），结构密封胶的产品质量保证期均为 10 年，但实际上胶的使用寿命要远大于 10 年，但到底能达到多少年，并没用确切的数据可以证明。

3. 幕墙体系与性能要求

幕墙的系统由多道功能系统构成，包括支撑体系、防水体系、保温体系、外装饰体系、采光和遮阳体系、通风体系、安防体系等，这些体系有机地组合在一起，以实现幕墙的性能目标。

幕墙有四项基本性能：水密、气密、平面内变形性能、平面外变形性能，其他性能则包括保温、遮阳隔热、安全、采光、通风等，每一项性能指标都是由多道幕墙体系来共同完成的，下面对幕墙的各组成体系进行分项说明：

（1）支撑体系

整个幕墙体系均需要支撑在主体结构上，支撑的方式是通过在主体结构上留设的预埋件来传力。预埋件需要由幕墙承包商设计并制作，在结构施工时提供给施工承包商埋设到设计位置。如果主体结构比较规则，幕墙单元板块可以直接悬挂到每层楼板边缘的预埋件上，但如果结构的形式较为复杂，有的结构楼层边缘不能提供有效的埋件位置，则需要设计受力转换体系来悬挂板块。

（2）防水体系

防水是幕墙体系最重要的性能，在设计和施工上均要给予充分的重视，使用过程中一旦出现漏水的情况，往往很难找到漏水点，因而维修也很困难。设计质量的控制有两个关键点：一是总体的防水技术方案；二是细部节点的防水性能。

从总体的防水技术方案来说，可分为两类：一类是玻璃幕墙；二是非玻璃幕墙，包括石材幕墙和金属幕墙等。

玻璃幕墙板块本身防水性能很好，关键是板块之间的防水性能，传统上我们采用通过打胶完全密封的方式来防水，如图 6-2 所示，这是一种被动的防水，容易漏水。另一种是先进的结构化防水技术，如图 6-3 所示，是幕墙防水技术走向成熟的标志，通过综合运用雨幕原理和等压原理，从幕墙节点结构设计入手，设置了尘密线、水密线和气密线三道防线，允许少量水通过幕墙表面渗过水密线，并能将水合理组织排出，水密线和气密线之间是等压腔，通过保持等压腔内的压力与室外相同，也可有效防止水渗过水密线，这是幕墙防水技术的主动阶段。我国的单元式幕墙就属于这一阶段的典型幕墙技术。

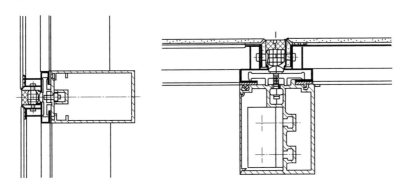

图 6-2 打胶密封的传统防水

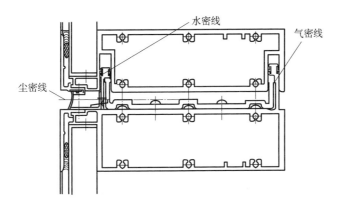

图 6-3 多道防水的主动防水技术

对于石材幕墙和金属幕墙，其防水做法较为复杂，要依据幕墙的形式（开放或封闭）、基层、防水性能要求、地域特点等情况，综合考虑。

通常的做法是通过在石材和金属板块的接缝处填塞密封胶的方式来进行防水，这种方式也称封闭式防水。这种方式虽然施工简单，造价较低，但由于密封胶老化、反复温度变形及施工质量等原因，往往会存在漏水现象，所以即便是封闭式防水，也需要考虑在密封胶后的排水措施，一旦有水渗入，可有组织地排走，也可以借鉴玻璃幕墙的雨幕原理和等压原理，进行主动防水和排水，其接缝处的节点设计是关键。

另一种方式是开放式幕墙，石材和金属板块之间接缝不打胶，保持开放，不防水，这时就需要在幕墙内部另作防水层，如果幕墙后面有墙体，可以采取在墙体上刷防水涂料或粘贴柔性防水材料的做法，如果幕墙后面没有墙体，则需要增加轻质墙体来支撑防水材料。还有一种更复杂的刚性防水做法，防水效果更好，但设计和施工复杂，造价高，不再介绍。开放式幕墙防水效果要好于密封式幕墙。

不管何种幕墙，何种防水方式，判别其优劣的标准有：一是是否采用结构性防水技术，简单来说就是不是堵而是疏，是否有合理的手段，顺应水的重力特性，让其能够顺利排走；二是是否多道防线，至少两道，可以有效减少漏水；三是其经济效益问题，价格是否合理，施工是否简单易行等。

(3) 保温体系

保温也是幕墙的主要性能之一，玻璃、金属、石材本身都不能保温，所以需要通过其他方式来达到幕墙的保温性能。

对于玻璃幕墙来说，虽然单层玻璃不保温，但双层玻璃复合而成的中空玻璃却可以很好地实现保温功能。所以在北方寒冷地区，都是采用中空玻璃来做玻璃幕墙。但是支撑玻璃板块与埋件连接的铝合金型材导热性强，保温性能差，所以要采用断桥隔热型材。所谓断桥隔热型材，就是在型材中间植入橡胶隔热条，阻断热量传播。

对于石材和金属幕墙来说，需要在面层下另做保温层，其保温材料的选择是难点，既要有良好的保温性能，同时还要有一定的防火性能，同时在长期的使用过程中保持不变形并且环保。另一个问题是保温材料的固定问题，如果幕墙后面有墙体，可以固定在墙体上；如果没有墙体，则需要设计保温材料的支撑体系。同时，要保证保温材料连接成为一个整体来达到保温效果。

(4) 采光、隔热和遮阳体系

采光、隔热和遮阳是幕墙的基本需求，玻璃幕墙具有很好的采光性能，这一点毋庸置疑。

对于隔热，要从传热的形式来考虑，无非是以下三种：热传导、辐射、对流。对于热传导：玻璃采用中空玻璃，中空层空气的导热系数低，热阻高，明框玻璃幕墙因为有外露的型材，所以采用穿条隔热料来提高其热阻，金属和石材幕墙则要通过其他保温材料来降低热传导；对于辐射，玻璃中空层可以采用多种形式减少辐射，如常用的在中空层内玻璃表面镀 LOW – E 膜的方法，主要是用来隔绝紫外线；对于对流，不管是玻璃幕墙，还是金属石材幕墙，要设计为封闭体系，就可以解决对流问题。

遮阳问题，主要是通过在室内设置窗帘的方法来实现。如果采用双层幕墙，可以通过在两层幕墙之间设置窗帘的方法来实现。

(5) 通风体系

通风是一个比较复杂的问题，需要和空调系统、节能设计一并考虑：一种理念是设置全封闭的幕墙，幕墙只考虑消防排烟窗的设计，在正常使用状态下不开窗，这种方式比较节能，通风主要通过空调系统的新风系统来解决；另一种理念是幕墙要开窗，实现自然通风，这种通风效果会使人觉得更舒适。但自然通风并不简单是开窗，而是需要和空调系统、建筑设计一并考虑。另外，为了满足空调系统通风的要求，需要在风机口对应的位置设置通风百叶窗，百叶窗应具有防雨功能。

(6) 安全体系

幕墙的安全性能大致可以分为四个方面：结构安全、防火安全、防雷安全、使用安全。幕墙的安全性能依靠良好的设计来保证。

1) 结构安全就是在正常使用状态下，幕墙体系应有可靠的支撑，不破坏，不掉落，在地震作用状态下，小震不坏，中震容许部分板块破碎，经修复后仍可继续使用，大震时容许板块破碎，但骨架不应脱落、倒塌。结构安全要求幕墙的连接件、骨架及板块均要有良好的受力设计，对此相关规范有明确设计规定。

2）防火安全则主要是指幕墙在跨越不同防火分区时的防火封堵要达到耐火时限要求，即幕墙与其周边防火分隔构件间的缝隙、与楼板或隔墙外沿间的缝隙、与实体墙面洞口边缘间的缝隙等，应进行防火封堵设计，具体设计要求可参见防火设计相关规范。

3）防雷安全即幕墙应按照规范要求设计避雷系统，与主体结构的避雷系统可靠连接。

4）使用安全主要考虑防撞设计，规范要求在人员流动密度大、青少年或幼儿活动的公共场所以及使用中容易受到撞击的部位，其玻璃幕墙应采用安全玻璃；对使用中容易受到撞击的部位，还应设置明显的警示标志；当与玻璃幕墙相邻的楼面外缘无实体墙时，应设置防撞设施。所谓安全玻璃，主要是指钢化玻璃、夹胶玻璃等。有的工程项目还会特别提出防爆要求，则幕墙板块需要特殊设计。

（7）外装饰体系

幕墙的外装饰体系主要是指面层材料的选择，前面已经提到，面层材料主要有玻璃、石材和金属板材三类。每类材料又有很多种的选择，每种材料的性质和效果都各不相同，控制外装饰体系的质量要从材料的效果、物理特性、分格大小、固定方式、后期清洗维护是否方便等方面进行认真审核。

建筑师是材料选择的主导方，当然最终要取得业主的认可。建筑师会要求施工方或供应商提供各种材料的样板供各方选择并确认，在全面施工开始前，要在工地现场安装较大尺度的工程样板，供各方对材料选择和工程效果进行最终的确认。

4. 幕墙的性能及试验

幕墙的常规性能目标包括水密性能、气密性能、抗风压性能（平面外变形性能）、平面内变形性能（主要是指抗震性能）、热工性能、隔声性能、光学性能、耐撞击性能，其他还包括现场淋水试验性能、振动台抗振性能、承重力性能等，考察其设计质量应从以下两个方面入手：

（1）幕墙的性能及其分级

幕墙具体要具有哪些性能，一是要依据相关规范的要求，此处依据的规范主要为《建筑幕墙》（GB/T 21086—2007）；二是依据业主的要求，业主根据项目的具体需求，是否要在规范要求的基础上，提出更高的要求。

对于每项幕墙的性能，都有相应的性能指标，所以设计方要针对每项性能，提出明确的指标要求以及相应的分级。依据规范及设计要求，这是设计方的权利，也是设计方的责任。

（2）幕墙的性能检验方法

幕墙是否达到了设计性能要求，必须要通过检验测试。每项性能都有相应的检测条件、检测方法、判定标准。表6-4列出了幕墙性能检测的一些性能指标和相关内容，依据的规范是《建筑幕墙》（GB/T 21086—2007）。幕墙必须通过了型式检验，其设计才是合格的，才可以进行大规模的加工和安装；幕墙也必须通过交收检验，其施工质量才是合格的，才可以交付使用。

表6-4　幕墙性能检测指标

序号	项目的名称	要求的章条号	检测方法章条号	检验类别		
				型式检验	中间检验	交收检验
一	幕墙性能					
1	抗风压性能		14.1	✓		✓
2	水密性能		14.2	✓		✓
3	现场淋水试验	.3	14.2		△	△
4	气密性能		14.3	✓		✓
5	热工性能		14.4	✓		△
6	空气声隔声性能		14.5	✓		△
7	平面内变形性能	.2	14.6	✓		○
8	振动台抗振性能	.3	14.6	△		△
9	耐撞击性能		14.7	△		△
10	光学性能		14.8			△
11	承重力性能					△
12	防雷功能		14.9		△	△

注：✓表示必检项目；△表示非必检项目，根据设计或用户要求可定为必检项目；○表示有抗震设防要求或用于多、高层钢结构时为必检项目，否则为非必检项目。

5. 幕墙的材料选择

现代建筑幕墙涉及很多材料，包括防水材料、保温材料、铝型材、玻璃、石材、金属板、胶条、密封胶、结构胶等。建筑师是材料选择的主体，建筑师通过材料的选择和组合来达到想要的建筑效果，业主也可以从造价、使用维护、材料性能等方面和建筑师沟通，在满足建筑效果的同时，更要全面满足业主的利益需求。

材料的选择要从以下几方面来控制质量：材料的性能、建筑效果、材料的分格大小、板块固定及安装方式、使用维护等，这也是我们要考虑的方面，具体参见本书附录。

6. 幕墙的节点

幕墙的系统设计固然是幕墙设计的重点，而幕墙的节点设计是幕墙设计成败的关键。平面图和立面图反映幕墙的总体构成情况，而节点图则反映幕墙的材料构成、细部位置关系、尺寸、连接做法等。如何把控节点图的设计质量，可以从以下几个方面入手：

1）是否反映幕墙系统设计的原理，功能是否全部实现。前面已经提到，幕墙是由支撑体系、防水体系、保温体系、外装饰体系、采光和遮阳体系、通风体系、安防体系等有机地组合在一起，以达到幕墙的性能目标。幕墙的常规性能目标包括四项基本性能：水密性能、气密性能、平面内变形性能、平面外变形性能，其他性能则包括保温性能、遮阳隔热性能、安全性能、采光通风性能等，节点要充分反映上述体系及其组合方式，以及是否达到了相应的功能目标。这是最基本也是最首要的。

2）防水是关键，很多幕墙的问题都出现在防水上。做好防水，要特别注意以下三点：一是采用结构化防水技术主动防水，保证排水顺畅，不存水，否则再好的防水也很难不漏水，要充分利用水的重力特性来设计节点，利用雨幕原理和等压腔原理来防水；二是尽量避免现场打胶防水，因为现场施工质量是很难保证的；三是在出现漏水的情况下，要容易发现漏点，并能够方便检修。

3）是否可有效地吸收变形，避免噪声。幕墙板块之间在使用过程中，因温度、振动等因素会发生变形，幕墙要设计成一种可以吸收变形的体系，否则会导致板块的破碎，甚至会发出噪声。从大的体系设计来说，支撑体系应容许微量变形以吸收温度及地震产生的变形，这也是规范所要求的。从构造来说，支撑结构的连接之间也应设计柔性垫片来消除变形影响。

4）是否可拆卸容易更换。玻璃板块在施工及使用过程中，都会发生破损，有自爆的原因，有人为破坏的原因等，板块要设计成可容易更换，才更有利于正常使用。

幕墙设计中，包含大量的节点，对所有的节点逐个审核也不可能，那么重点要审核哪些节点呢，答案是那些异型的节点、特殊的节点、施工比较困难的节点以及防水不易处理的节点。具体来说，要重点审核以下节点：

（1）标准节点（不同体系）

反映不同幕墙体系典型做法的节点，这是做法的基础和标准，要认真审核，其他节点都是在此基础上的发展。

（2）幕墙与屋顶的节点

屋顶工程是一项单独的工程，一般由土建施工单位来做，屋顶要承担承重、保温、防水等一系列功能，保温和防水应连续，尤其是防水，一定要认真审核。对于采用幕墙的建筑，其屋顶排水必然采用内排水的方式，一旦排水不畅是否会产生节点漏水的情况，要特别注意。节点防水应尽量避免采用打胶的方式来处理，要采用结构化的防水技术。一旦发生漏水的情况，漏水点要容易发现，并方便修复处理。

（3）不同体系之间的节点

一个建筑的幕墙总是由多个体系构成的，从大的材料来说，有玻璃幕墙、石材幕墙、金属幕墙之分，即使是同种材料幕墙内部也通常会由于分格、固定方式等的不同，分成不同的体系，这些体系之间的连接部位，通常也是审核的重点。

（4）幕墙和地面交界处的节点

幕墙和地面的交接处，通常是一个薄弱点。如果室外排水不畅，很容易造成雨水倒灌。同时，室内地面做法如何衔接也比较困难，解决办法有两个，一是幕墙底部起一个台，让防水有一个可靠的搭接，二是沿幕墙根部设置排水沟，把水排走。不管何种办法，目的是让室内外有合理的高差。建筑师通常会按照规范要求设置室外排水坡度，但由于种种施工原因，室外排水坡度往往难以达到，所以在幕墙节点设计上必须有所考虑。要结合室内室外做法综合审核，重点考虑防水。

(5) 变形缝处的节点

结构要根据受力需要设计变形缝，变形缝处的幕墙节点要能够承受较大变形且防水可靠，需要重点审核。

(6) 边角处的节点

幕墙边角处的节点，由于位置特殊，往往不容易处理，容易出问题，所以也要重点审核。

(7) 门窗的节点

由于经常开闭，容易漏水，也需要重点审核。

(8) 幕墙与室内楼板、墙体交接处的节点

虽不涉及防水，但有关防火层间封堵、室内地面做法、窗帘、照明等功能，比较复杂，也需要重点审核。

7. 幕墙的清洗和维护系统

幕墙的维护内容包括表面的清洗、板块的更换、防水的维修等，现在幕墙的清洗常采用蜘蛛人的方式，虽然这是一种简单而有效、最省钱的方式，但并不是最安全的方式，也不能解决板块更换的问题。因为板块的重量往往超出了人力所能，所以幕墙需要一套清洗和维护系统。

对于常规的建筑，主要是指立面垂直、四四方方的建筑，已经有非常成熟的幕墙维护系统，可以进行幕墙的清洗和维护，但如果建筑的体型特殊，如倾斜、悬挑、错台等情况，则其清洗维护系统需要专门的设计才可以，在这种情况下，需要建筑师编制专门的幕墙清洗维护技术和功能需求，通过招标来选定最优的解决方案和专业厂家。在这种情况下，幕墙擦窗机系统的质量控制要通过在招标过程中的方案评审、方案确定后的深化设计来进行。

✓ 6.3.4 建筑的功能分区及分区内部各空间的相互关系

一个单体建筑是由多个功能分区构成的，如一个电视台，是由节

目制作区、播送区、办公区、后勤区等多个功能分区构成的，每个功能分区之内，由各种复杂的单元空间构成。功能空间在建筑物内部的水平和竖向分布，要结合各功能分区的特点，慎重研究考虑，考虑因素包括以下几个：

1. 由功能需求关系而决定的位置关系

每个单元空间都会被赋予某项功能，找到这些功能之间的有机联系，并将其落实为非常明确的相互位置关系，这些关系可能包括以下几种：

（1）主次关系

功能有主有次，主要功能要优先考虑，并被设置到最有利的位置，如在电视台的节目制作区，演播室为核心建筑空间，就要将演播室设置到最有利、最合理的位置，其他配套的导控室、化妆间、立柜机房、灯光设备间、音控室、景具库、检修间、演员休息等待区等都要围绕演播室来设置。

（2）配套关系

如果某几项功能是需要配合起来为一个更大的功能服务的，那么这几项功能就要在位置上组合到一起。就像演播室需要其他导控室、化妆间、立柜机房、灯光设备间、音控室、景具库、检修间、演员休息等待区等来配套服务一样。质量检验的要求是配套齐备且功能合理。

（3）协作关系

各种功能之间可能需要相互协作，这种协作关系相对较为松散，对位置关系没有强制性的要求，但如果将它们以某种方式组合起来会有利于其协作配合。就像景具库对于演播室一样，也可以异地存放，但如果配置在一起会更有利。

（4）工艺次序

就像是生产线上的前后工序一样，某些功能之间有非常明确的位置次序要求。还以演播室为例来说明，从演员的休息等待、化妆、出场、演出到退场必须有明确而合理的流线要求，从导控室、灯光控制、音控室、演播室现场之间的位置关系来说，也需要位置合理，能迅速掌握现场的情况。工艺关系的需求往往是一种比较硬性的位置关系需求，必须认真审核。

(5) 方便有利原则

从使用的角度，要方便有利。

2. 人员情况

人员的性质和数量也是很重要的考虑因素，涉及疏散、交通、安全、荷载、景观和管理等一系列问题。

如人员数量较大的功能区域要放在低层，便于疏散和运输；对于高层建筑，必须要考虑足够的电梯和通道，来保证人员的交通和疏散；不同性质的人员往往安保的要求不一样，需要分区管理；相对于设备层，人员的荷载较小，可以放置在较高的楼层，有利于减轻结构受力；高层区域具有优良的景观，所以高层酒店需将客房区域放在高层，同时朝向和水平位置也是保证有良好景观的重要因素；不同性质的人员及其数量通常需要不同的管理方式和服务方式，也是在功能分区时需要考虑的问题；等等。

3. 荷载情况

不同的功能区域其楼层荷载有差别，通常较大荷载楼层要放在低层，反之则在高层，有利于结构合理受力。

4. 交通需求

人员和车辆的交通需求均需要重点考虑，包括与园区出入口的关系，具有足够的道路通行能力，其中交通需求量大的功能区域要重点考虑。

5. 设备和物资情况

某些特殊的设备及物资的运输、使用、更换、维护将对功能分区的布置产生较大影响，应识别这些设备和物资，在功能分区时加以考虑。

6. 安全需求

不同的安全需求需要不同的防护措施，物理空间的分割是最有效的安全措施，因而要求不同的功能区域往往要分开设置，留出安全距离。

7. 空调需求

空调系统的管道要占用大量室内空间，尤其是全空气系统，管道系统尤其庞大，因而要将空调洁净度要求相近的功能区域集中在一起，以减少室内空间的消耗。

8. 管理需求

不同的管理需求必然对功能分区造成影响，要识别其影响。

9. 管线关系

从供水、供电的角度来说，某些功能区域对水、电有特殊需求，如供应量巨大、用电的安全等级较高、水质有特殊需求等，则应在功能分区的布置上做相应考虑。

10. 与建筑外部空间的关系

功能分区的考虑要涉及与建筑外部周围空间的联系，从景观、安全、隐私保护、交通、日照、噪声等的角度加以详细考察。

✅ 6.3.5 建筑的最基本单元空间

建筑的最基本单元空间是我们要关注的最小单位，每个单元空间的性质参数都要认真研究，将来的建筑才会好用。本节的内容是要将不同功能的单元空间所具有的性质及其参数进行汇总，并对参数的选取进行简要的说明，以供项目管理者参考。

1. 功能及编号

单元空间的功能有多种，要进行分类汇总并统一名称，编号对于每个空间应是唯一的，编号规则应考虑能反映单元空间的基本性质，如功能、位置和尺寸等，同时编号应容易扩展、插入和修改。

2. 平面尺寸

建筑的平面尺寸受制于建筑的模数，柱网和墙的布置基本上是按照建筑模数来设置的，室内空间的设计也应与之相匹配。室内单元空间多是矩形的，少部分是异形。空间尺寸的确定要依据以下三方面的要求：

(1) 建筑模数的要求

现在通行的关于建筑模数的标准有《建筑模数协调统一标准》

（GBJ 2—1986）等，模数虽然不是强制性标准，但遵循模数设计空间可以达到标准化，在设备安装、专业配合和空间利用方面都有优势。

（2）功能要求的空间尺度

长宽及其比例都要满足功能的需求，不同功能建筑的空间尺度要求可参见各专业的设计规范，如果规范没有明确则要经过研究或参考经验数据来确定。

（3）要明确建筑尺寸与净空尺寸的要求

由于有墙体的存在，净空尺寸要小于建筑尺寸，而且室内往往会有柱子，是否室内无柱也要明确。

3. 层高与净高

层高属于建筑整体设计的一个关键要素，前面已经讲过，对于单元空间的功能来说，室内净高往往更重要。如有需求，一定要明确，而且空间越大，净空高度就应该越高，否则即使满足使用，也会显得非常压抑。在层高既定的情况下，保证净空高度的方法是合理确定地面做法和吊顶做法的高度，尤其是吊顶做法，取决于结构高度和管线高度，结构高度往往难以改变，管线综合的工作质量则直接决定吊顶做法的高度，所以在管线综合阶段，要结合净空高度的要求，把管线综合的工作做细，才能保证净空高度的要求。

4. 开放还是封闭

有的空间是开放的，如大堂、走廊、公共休息区等，有的空间是封闭的，有的空间需要根据需要进行灵活分割，需要提出相应的要求。

5. 墙体的选择

单元空间的墙体大致分为两种：一种是结构墙体，一种是非结构墙体。非结构墙体的做法很多，常用的是轻钢龙骨夹板墙、轻质砌块墙，建筑师往往还喜欢用玻璃、金属板材、木板等各种形式的现代建筑材料来做墙体材料。

6. 保温

通常外墙承担保温的功能，前面在幕墙部分已讲到外墙的保温隔热，如果室内房间有额外的保温隔热要求，则需要根据热工计算确定保温做法。

7. 隔声隔振

声学设计是一个专业的设计领域，如果是对声学要求较高的房间，需要聘请专业的设计顾问来进行设计。声学设计要涉及总平面设计、房间的形状尺寸、结构形式、墙体的材料选择、噪声源的确定、机电设备的选择等一系列问题，对于声学要求较高的房间，如录音棚，要采用房中房的形式来增加隔声性能，双层地板之间采用隔振垫来阻断声波传递，室内装修也需要考虑其声学性能。

对于普通的住宅和办公室，结构楼板和墙体一般都能够满足隔声要求，室内隔墙则建议采用轻质砌块墙体或轻钢龙骨夹板墙填充隔声棉的做法，则可以满足需求。是否达到设计的隔声标准，要聘请专业测量机构进行测量后确定。具体指标和要求可参阅《民用建筑隔声设计规范》（GB/T 50118—2010）、《建筑隔声测量规范》（GBJ 75—1984）、《建筑隔声评价标准》（GB/T 50121—2005）等相关的标准和规范。

8. 防水、排水

有一些房间毫无疑问需要考虑防水或排水措施，如厨房、卫生间、浴室、茶水间，但有些房间容易被忽略，而规范又没有明确要求，如空调机房、冷冻机房、泵房等，在调试、检修时会有防排水的要求，在日常使用时也会产生冷凝水，需要考虑防排水的要求。

9. 出入口的位置、数量、大小

每一个单元空间都要有出入口，与其他空间相连通，一个楼层的走廊要有通向楼梯间的出入口，一个独立的房间要有出入的门等。一个出入口可以没有门，形成开放式的出入口，但多数情况下都会有门。出入口的设置要考虑多种因素：功能、消防、安全、管理等，其设计要素包括出入口的位置、大小、数量、门的相关要求等。

（1）功能要求在于其要满足通行要求

仔细审核出入口各种潜在的出入对象，如人员、车辆、设备等，考虑其对出入口宽度、高度的要求，通行流线的合理组织。

（2）消防要求在于其要满足消防疏散的要求

消防规范对出入口的数量、位置、大小都有比较明确的要求，如公共建筑一个消防分区至少要有两个逃生出口，直接通向公共走道的房间门至最近的安全出口的距离不应大于 25m 等。有的出入口还需要考虑消防车辆的出入要求，消防规范对疏散通道和出入口的宽度有明确要求。

（3）安全与管理

出入口的通行对象主要是人员和车辆，是安全管理的重点，也是薄弱点，要根据相应的安全需求和防护等级，选择相应的防护措施。在本书智能化系统中已介绍过出入口控制系统的相关功能。

门是出入口的主要封闭形式，其种类很多，从材料来看，有钢门、木门、玻璃门；从消防要求来看，有防火门、普通门；从开启方式来看，有平开门、折叠门、卷帘门、转门、推拉门；从安全管理的角度来看，有防爆门、防盗门；从锁闭的方式来看，有机械锁和电子锁两类，其中电子锁可以实现出入授权及智能管理。要根据需求及规范选择合适的门。

10. 承重要求

结构设计中，楼面的设计荷载包括三类：一是恒载，包括结构自重、建筑面层重量、吊顶及设备管道重量等；二是活荷载，即正常使用过程中附加的可移动的荷载；三是集中荷载，即在使用过程中，集中布置在楼面上某一位置的较大荷载。上述前两类荷载均是面荷载，其单位是 kN/m^2，第三类荷载是集中荷载，需要确定其重量及在楼板上的位置。

荷载的取用依据有：一是规范，包括《建筑结构荷载规范》（GB 50009—2012），以及各类建筑的专业设计规范；二是其他专业给结构专业的设计提资，如建筑专业要提供建筑面层做法及吊顶做法，以确定建筑面层及吊顶重量，机电专业要提供机电设备及管线的位置及重量等，结构专业要据此确定结构设计荷载；三是要经过研究确定的荷载，在规范没有包含的情况下，要根据项目的实际情况，研究确定合理采用。

荷载的确定一定要慎重，荷载小了当然要影响结构安全，但荷载过大，会增加结构造价，因此应在保证结构安全的前提下适当留出余量。

11. 采光照明

高层建筑采用玻璃幕墙的形式，一般都能满足自然采光的要求。但如果采用开窗的方式，则需要按照《建筑采光设计标准》（GB 50033—2013）的要求进行开窗面积和位置的设计。我国《住宅建筑规范》（GB 50368—2005）规定，住宅中的卧室、起居室、厨房应设置外窗，窗地面积比不应小于1/7。

照明属于人工照明，各类建筑用房的照度设计依据应按照《建筑照明设计标准》（GB 50034—2013）来取值。照明的方式也有很多，包括一般照明、局部照明和混合照明，也可分为直接照明和间接照明。

一个建筑总是包含了各种功能空间，如工作区域、走道、卫生间、楼梯间、服务设施等，要根据不同的用途采用不同的照明方式，以避免能源浪费。同时要尽可能采用合理的自动控制系统，可采用时间性控制、区域性控制等多种模式，自动地按时、按区关闭灯具，同时也要保留手工关闭的可能性，满足不同需要。照明是节能设计的主要方面之一，应满足相关节能规范的要求。

12. 遮阳

遮阳有许多作用，如遮挡阳光直射、避免眩光、隔热、增加私密性、调节视线、调节自然通风、美观等。

遮阳主要分为室外遮阳和室内遮阳两种方式。室外遮阳一般在窗户上方设置遮阳板，但在高层建筑中应用很少。室内遮阳的方式较多，包括悬挂窗帘，设置卷帘、百叶帘和百叶窗等。

遮阳并不简单，要综合考虑建筑的朝向、不同的季节特点、周围的环境特征及使用功能来综合选用合理的遮阳方案。高层建筑多使用室内设置电动遮阳窗帘的方式，一种最优的方式是采用双层幕墙，在双层玻璃幕墙中间设置电动百叶窗，但造价较高。

13. 空调通风及送风方式

表征一个空间内空气特征的参数首先是温度、湿度，其次还有空气的洁净度、风速、新风量等，每个房间都应有空气调节的具体要求，如业主没有特殊要求，设计方将按照国家规范的有关规定来执行。

空气调节的方式很多，最简单的如家庭使用的自然通风、暖气采暖、分体空调制冷。对于高层建筑来说，问题要复杂很多：是否采用自然通风，还是全部采用机械通风系统，或是两者相结合；空调方式是采用全空气系统，还是风机盘管系统；或是小型的分散式空调系统，是采用定风量系统，还是变风量系统等，都需要我们根据功能需求认真考虑，同时也要考虑造价。有的空间对送风方式还有特殊要求，以满足设备及人员的特殊需求。具体可参看本章空调专业部分内容。

14. 供水

是否要供水，是否考虑供水量的需求及供水点的位置。热水、冷水，以及对水质有无特殊要求。有供水的地方，一般同时应考虑排水。

15. 配电

每一个空间都要将电源配置到位，对普通房间来说，主要是电源插座的布置，对一些特殊房间如机房、设备间等，要依据设备需要来专门设计。电源插座的布置应根据室内用电点和家具的规划位置进行，并应密切注意与建筑装修等相关专业配合，以便确定插座位置的正确性。普通插座按离地 0.3m 的高度安装。

16. 网络和电话

普通房间的网络接口一般采用 RJ45 接口，通过结构化布线系统配置到各个端口。虽然现在无线网络得到广泛应用，但网络接口始终是需要的，但数量可以减少。网络接口的位置和数量也要根据需求来确定。现在固定电话的使用已越来越少，是否设置电话接口由业主根据需求来确定。网络接口一般按离地 0.3m 的高度安装。

17. 布线方式

一个单元空间内，有大量的线缆需要布设，主要是电线和网络线。设计的原则是尽量要避免敷设在表面，既不美观，也不安全。通常的做法是线缆加套管后埋设在楼板和墙壁内。但对于较大的空间，或者开敞式空间，或者线缆量较大的空间，不可能埋设在楼板或墙壁里，那么就需要一种新的布线方式与之适应。

在这种情况下，通常有两种布线方式：一是架空地板的方式，二是地沟埋设的方式。架空地板即将地板架空，直接放置在结构层上，在地板下埋设线缆，地板板块可活动或拆卸，以方便布线及检修，地板架空高度可根据需求确定。架空地板的方式布线灵活，检修方便，布线量大，缺点是造价较高，且占用较大的层间高度。地沟埋设的方式即利用地面装饰层高度范围内开设地沟，在地沟内走线的方式，地沟上设盖板，盖板与地面齐平。此种方式布线不够灵活，且布线量小。优点是造价较低，占用空间小。选用何种方式要依据实际情况确定。

18. 装修

一个单元空间内的墙、顶、地如何装修，是一项比较复杂的工作，需要专业的设计师来提供设计方案，业主也可以提前把自己的一些想法和要求告诉设计师，在设计方案中加以考虑。具体内容不再详述。

19. 安全

这是一项比较专业而且复杂的内容，各个项目的需求情况也大不相同，安全需求会涉及工程设计的各个专业，如建筑、结构、机电、智能化，一切都要围绕业主的需求来适配。从建筑设计来说，要涉及总平面设计、功能分布、墙体的形式、门的选择等一系列内容；结构专业要保证墙体具有足够的安防能力；机电专业要保证供电及送风的可靠性；智能化专业要保证安防系统的功能和可靠性等，具体可参见安防系统的有关内容，不再赘述。

20. 检修维护

每一个单元空间，都需要日常的更新维护，如更换消耗品、清洗、检查等，现场要具备相应的条件，尤其是高大空间，这个问题尤其需要注意，必要时要设计专门的辅助设施，如吊挂点、吊车轨道等，保证人员可以接近。

21. 标识

对于一些复杂的建筑，功能空间比较多，每个空间的标识应专门设计，如标识的名称、位置、样式、材料等，应聘请专业公司来设计并制作，才能得到好的效果。

✓ 6.3.6 建筑的细部设计

建筑设计的一个主要部分就是细部设计，并要制作大量的详图。

细部设计的目的主要有两个：一是说明各个部分之间的相互位置关系，二是说明具体做法。详图又分为平面详图、立面详图和剖面图三类。针对工程实际中经常产生问题的环节，以下细部详图要重点审核：

1. 与水相关的节点做法要认真审核

幕墙的防水做法、幕墙与地面交接处的防水做法、地面出入口的防水做法、屋顶的防水做法、幕墙与屋顶交接处的防水做法、地下室外墙的防水做法等，审核的原则是排水要通畅，尽量采用结构化防水，避免打胶，节点设计不可理想化，要考虑实际施工过程中的误差，经常出现的问题是室内外高差及室外坡度设计不够，室外施工完毕后出现排水倒灌的情况，从一开始就尽量留大一些，按照规范也尽量要取上限值。

2. 保温的做法，兼顾防火

建筑保温主要在外墙，除幕墙中空玻璃以外，其他外墙均要采用保温材料，但目前建筑市场上并没有非常成熟的保温材料，各种材料均有较为明显的缺陷，如玻璃棉、岩棉、EPS 和 XPS，在建筑外墙的保温做法上，要有措施来改善这些材料的缺陷，并与防水做法一起综合考虑，原则是保证其保温性能，避免冷桥，提高其耐久性能，施工方便。

3. 管线入户部位的做法

地下室的外墙有很多管线要穿墙而入，如进水管、排水管、电源线、网络线缆等，在浇筑外墙混凝土时，应埋置穿墙防水套管，穿完管线后，还需要有封堵措施，避免漏水。

| 6.4 结构设计 |

按照设计深度要求，在方案设计阶段，结构设计只需要有设计说明而不要求设计图。设计说明要包括工程概况、设计依据、建筑分类等级、上部结构及地下室结构方案、基础方案、主要结构材料的选用、需要特别说明的其他问题等，概括来说就是关于结构设计基本参数和结构方案概念设计的说明。

对于常规的建筑结构，结构方案设计达到上述深度已经足够了，但对于非常规的、超限的结构，业主就要认真考虑，尤其是在确定建筑方案之前，对于结构可能面临的设计、施工、造价、工期的风险，要进行更加详细的论证。其包括结构方案的技术可行性、施工的可建性、工期造价是否可控等，在此基础上，再决定是否接受该建筑方案。

施工图设计阶段是在初步设计的基础上进行的，是在结构设计各项技术方案确定的基础上进行细节设计，使结构施工图满足施工的深度需要。具体深度要求可参见《建筑工程设计文件编制深度规定》的有关内容。

初步设计阶段是结构设计最重要的阶段，将复核确定结构设计的基本设计参数，确定结构基础，地下室和上部结构的结构选型，提供初步设计报告和初步设计图，以下将分项说明。

✅ 6.4.1 概念及设计参数

1. 岩土工程地质参数

在确定建筑方案后，建设方要委托岩土工程勘察，以获得地质参数。岩土工程勘察是分阶段来进行的，分为可行性研究勘察、初步勘察和详细勘察三个阶段。其中，可行性研究勘察在项目的可行性研究阶段就已进行，其目的是对拟建场地的稳定性和适宜性做出评价，为项目的选址提供依据。在进入设计阶段以后，需进行初步勘察和详细勘察。在建筑方案已经确定的情况下，往往跳过初步勘察这一阶段，直接进行详细勘察。详细勘察按照单体建筑物或建筑群提出详细的岩土工程资料和设计、施工所需的岩土参数；对建筑地基做出岩土工程评价，并对地基类型、基础形式、地基处理、基坑支护、工程降水和不良地质作用的防治等提出建议。

进行岩土工程勘察，应由结构设计方提出详细勘察的技术要求，并编制招标文件，进行勘察设计招标。勘察单位在投标时提交勘察方案。勘察方案应满足设计方提出的勘察设计技术要求，以及《岩土工程勘察规范》（GB 50021—2001）（2009 年版）的要求。在对勘察方案和投标报价进行综合评价后，确定岩土勘察单位。岩土勘察单位的工作主要分为室外工作和室内工作两个部分。室外工作是指在工程现场进行钻探取样，室内工作是指进行相应的土工试验并编制岩土工程勘察报告。

勘察报告编制完成后，应按照《房屋建筑和市政基础设施工程施工图设计文件审查管理办法》的要求进行勘查文件的审查，审查合格后即可以提交给设计方作为结构设计的依据。

2. 荷载

一般来说，结构设计所使用的荷载可以从《建筑结构荷载规范》（GB 50009—2012）中获得，但在特殊的情况下必须进行专门的研究来确定。荷载的种类是比较多的，但大体分为以下三类：

1）第一类是永久荷载，或称恒荷载，是指结构本身的自重及永久性地附着在结构上的物体的自重。

2）第二类是可变荷载，或称活荷载，顾名思义，活荷载是一种在使用过程中不断变化的荷载，包括楼面活荷载、屋面活荷载和积灰荷载、吊车荷载、风荷载、雪荷载等，地震荷载也属于活荷载，但因其特殊性，下面章节将予以说明。楼面和屋面活荷载的取值，一般的民用建筑可以从相关荷载规范中查得，但对于一些特殊功能的建筑，其楼面和屋面的活荷载则需要查询相应的专业规范或按实际情况取值。一般情况下，风荷载也可以从相关荷载规范中查得，但对于重要且体型复杂的房屋和构筑物，应由风洞试验来确定。

3）第三类是偶然荷载，如爆炸力、撞击力等。

另外，必须明确的一点是，目前《建筑结构荷载规范》（GB 50009—2012）中所有的荷载取值是按照 50 年的设计基准期来确定的，对于设计使用年限为 100 年的建筑，结构设计时应另行确定其在设计基准期内的活荷载、雪荷载、风荷载、地震荷载和作用等的取值，确定结构的可靠度指标，以及确定包括钢筋保护层厚度等构件的有关参数的取值。但目前从荷载规范给出的数值来看，除风荷载和雪荷载有设计使用年限为 100 年的荷载数值以外，其他荷载的数据还需经过专门的研究来确定。

设计基准期是指为确定可变作用及与时间有关的材料性能取值而选用的时间，它不等同于建筑结构的设计使用年限。我国建筑设计规范所采用的设计基准为50年，即设计时所考虑荷载、作用、材料强度等的统计参数均是按此基准期确定的。而设计使用年限是指设计规定的结构或结构构件不需进行大修即可按其预定目的使用的年限，即房屋等建筑在正常设计、正常施工、正常使用和一般维护下所应达到的使用年限。

设计使用年限为100年并不一定表示设计基准期为100年，至于设计使用年限为100年的建筑采用的设计基准期为多少年，还需要进行专门的研究来确定。目前的条件下，对于设计使用年限为100年的建筑，除风荷载和雪荷载规范已提供重现期为100年的荷载以外，其他荷载只能按照设计基准期为50年的荷载来考虑，除非经过专门研究提出更合理的荷载。为保证建筑结构的耐久性能够满足使用年限100年的要求，《混凝土结构设计规范》（GB 50010—2010）（2015年版）针对混凝土结构也提出了一些具体措施。但总体来说，目前对于设计使用年限为100年的建筑要采用的荷载值，还有许多工作要进行。

根据《建筑结构荷载规范》（GB 50009—2012），对于重要且体型复杂的房屋和构筑物，应由风洞试验来确定风荷载。使用风洞试验测量风荷载一般能得到较经济的结构并提高其效能，而且把欠安全设计的风险减到最低。进行风洞试验的目的主要有以下几项：

1）对项目所在地的风气候进行定量描述。

2）确定房屋和构筑物的风荷载，为上部结构设计和基础设计使用。

3）确定房屋和构筑物表面局部的风压，供幕墙及其支架结构和通风设备设计使用。

4）通过风速测试以确定项目范围内及其周边的行人区风舒适度，所得资料将用于指导园林设计，并制定楼宇维修装置的安全使用措施。

5）确定项目范围内及其周边的雪飘移的规律，并评估雪从高处坠下的可能性及确定个别雪荷载超出规范的位置。

以上各项目，或称委托内容应由业主和设计方根据工程的实际需要来选用。有些是必需的，如前三项；后两项则可根据工程的实际需要选用。在进行风洞试验前，应由结构设计方提出详细的技术要求，然后由业主委托风洞实验室来进行。

目前国内有多家实验室可进行风洞试验，如上海同济大学风洞实验室、南京航空航天大学风洞实验室等。风洞试验完成后，应提交试验报告，作为结构风荷载设计和幕墙风压设计的依据。

3. 工程场地的地震安全性评价

评价由业主委托具有相应资质的评价单位来承担，并提供评价报告作为抗震设计的依据。但必须明确的一点是，并不是所有的工程都需要进行场地的地震安全性评价。一个项目是否要进行场地的地震安全性评价，要依据当地省、市行政主管部门制定的工程场地地震安全评价具体规定来执行。

如对于北京市来说，有两个文件来规范场地地震安全性评价工作，分别是《北京市工程建设场地地震安全性评价管理办法》及《北京市工程建设场地地震安全性评价管理办法实施细则》。按照《北京市工程建设场地地震安全性评价管理办法实施细则》第四条的要求，在北京市行政区划内下列项目必须进行地震安全性评价：

1）重大建设工程和可能发生严重次生灾害的建设工程，主要有以下几个：

①《建筑工程抗震设防分类标准》（GB 50223—2008）中规定的甲类建筑。

②高度80m以上（包括80m）的高层建筑。

③国家有关部门已明文规定需要进行地震安全性评价的建设工程。

④受地震破坏后可能引发水灾、火灾、爆炸、放射性污染、剧毒或强腐蚀性物质大量泄漏和其他严重次生灾害的建设工程，包括水库大坝、堤防和贮油、贮气、贮存易燃易爆、放射性物质或者强腐蚀性物质的设施，以及其他可能发生严重次生灾害的建设工程。核设施、重要国防、军事工程、市级和国家级高科技建设工程。

2）位于地震烈度分界线两侧各8km区域内的市级和国家级重点

建设工程。

3）占地面积较大或者跨越不同地质条件区域的新建城镇、经济技术开发区（包括区县工业小区、高新技术开发区）。

4）在地震基本烈度Ⅶ、Ⅷ度区内，以上三条规定之外的部分乙类建筑（关于部分乙类建筑的具体范围，由市规委、市政管委、市计委和市地震局另行规定），也应进行地震安全性评价工作。

5）业主或建设单位要求进行地震安全性评价的建设工程。

进行工程场地的地震安全性评价的目的是对工程场地未来可能遭受的地震影响做出评价并确定以地震动参数和烈度表述的抗震设防标准。其具体包括地震烈度复核、地震危险性分析、设计地震动参数（地震动时程）确定、地震影响小区划、场址及周围地震地质稳定性评价等。场地地震安全性分析应依据《工程场地地震安全性评价》（GB 17741—2005）来进行。工程场地地震安全性评价将为工程抗震设计提供基础性的设计参数。

工程场地地震安全性评价应委托持有工程场地地震安全性评价许可证书的单位来进行，并提交工程场地地震安全性评价报告。评价报告应当由承担任务单位报相应省、市、区地震安全性评定委员会评定通过后，报省、市、区地震局审批。对于国家级项目报国家地震烈度评定委员会评定，由中国地震局审批，同时报省、市、区地震局备案。

工程场地的地震安全性评价工作一般分为两个阶段：第一个阶段是在项目的选址阶段，这一阶段主要明确该工程场地是否存在由于活动断裂带通过或在其附近通过而可能给工程造成地震安全隐患，是否存在地震安全可能对选址造成颠覆性问题，是否会由于地震安全问题需要进行特殊的大规模工程处理等重大问题，这一阶段主要通过对已有的地震资料进行调研，并结合现场测试的方法来进行，主要采用气汞测量法来测量是否有地震断裂带通过。这一阶段工作也应委托有工程场地地震安全性评价许可证书的单位来进行，并提交选址阶段工程地震安全性评价报告。第二阶段是在选址确定以后，再进行详细的工程场地地震安全性评价，并为抗震设计提供基础的设计参数。本节主要讨论的是第二阶段的地震安全性评价工作，目的是为了满足结构设计的需求。

4. 地震荷载

结构的抗震设计对于结构设计来说是最重要也是最困难的部分。在说明地震荷载以前，需先明确震级和烈度两个概念的差别。

震级是按一定的微观标准，表示地震能量大小的一种量度。它是根据地震仪器的记录推算得到的，只与地震能量有关。它的单位是"级"。震级的大小与地震释放的能量有关，地震能量越大，震级就越大。震级标准最先是由美国地震学家里克特提出来的，所以又称"里氏震级"。

烈度是指地震在地面产生的实际影响，即地面运动的强度或地面破坏的程度，烈度不仅与地震本身的大小（震级）有关，也与震源深度、距震中的距离及地震波所通过的介质条件等多种因素有关。震级和烈度既有联系，又有区别。一次地震只有一个震级，但同一个地震在不同地区的烈度大小却不一样。例如，1976年7月28日河北省唐山市发生了7.8级大地震，震中位于唐山市区，烈度达到十一度，造成惨重的伤亡和毁灭性的破坏；距震中40km的天津市宁河县烈度为九度，也遭到严重破坏；距震中90km的天津市市区烈度为八度，许多建筑有不同程度的破坏；距震中150km的北京市市区烈度为六度，破坏的程度要轻得多。在结构设计中，采用烈度作为设防依据。

下面将对结构抗震设计的主要参数进行说明。

(1) 建筑抗震设防分类和设防标准

建筑应根据其使用功能的重要性分为甲类、乙类、丙类、丁类四个抗震设防类别。类别的划分应符合国家标准《建筑工程抗震设防分类标准》（GB 50223—2008）的规定。不同的设防分类应采用不同的抗震设防标准。确定设防标准的依据：一是《建筑抗震设计规范》（GB 50011—2010）（2016年版），二是批准的场地地震安全性评价报告。在《建筑抗震设计规范》（GB 50011—2010）（2016年版）中，要求甲类建筑的地震作用取值应按照批准的地震安全性评价结果确定。但按照基本建设程序，需要进行场地地震安全性评价的建筑远不限于甲类建筑。在甲类建筑之外的其他各类建筑的地震作用，应综合考虑《建筑抗震设计规范》（GB 50011—2010）（2016 年版）及场地地震安全性评价的结果。

（2）抗震设防烈度

是按国家规定的权限批准作为一个地区抗震设防依据的地震烈度。抗震规范采用三水准设防思想，即通常所称的"小震可用，中震可修，大震不倒"。

小震、中震、大震即指多遇地震、基本烈度地震和罕遇地震，在设计基准期为 50 年时，相应的超越概率分别为 63%、10% 和 2% ~ 3%，也可以用地震重现期或回归期 T 来表示。给定重现期 T 的地震烈度就是 T 年一遇的地震烈度，三水准对应的重现期分别为 50 年、475 年和 1975 年。《建筑抗震设计规范》（GB 50011—2010）（2016 年版）以中震烈度（地震基本烈度）为基础，在平均意义上，将小震定义为基本烈度减去 1.55 度，大震定义为基本烈度加上 1 度。实际上，小震、中震与大震的烈度差异是因地而异的，这样定义的烈度差别是一种人为的、便于工程应用的约定。抗震设防烈度的确定应依据《建筑抗震设计规范》（GB 50011—2010）（2016 年版）来确定，若工程进行了工程的地震安全性评价，则综合考虑抗震规范和安全性评价报告来确定。

（3）设计地震动参数

指抗震设计用的地震加速度（速度、位移）时程曲线、加速度反应谱和峰值加速度。这些参数是表示抗震设防标准的具体量值，也是作为结构抗震设计最基本的参数。获得这些参数的主要途径有两个：一是《建筑抗震设计规范》（GB 50011—2010）（2016 年版），二是批准的工程场地的地震安全性评价报告。若两者存在不一致的地方，应进行讨论、研究，采用既经济合理又能够充分保证结构安全性的结果。

（4）建筑的场地类别

也是影响地震作用大小的一个重要参数。场地类别应根据土层等效剪切波速和场地覆盖土层厚度划分为 I、II、III、IV 共四类。I 类场地抗震最为有利。确定建筑场地类别的依据是《建筑抗震设计规范》（GB 50011—2010）（2016 年版）及《岩土工程勘察报告》。

5. 设计使用年限

根据《建筑结构可靠性设计统一标准》（GB 50068—2018）确定，分为 4 类，临时性结构为 5 年，易于替换的结构构件为 25 年，普通房屋和构筑物为 50 年，纪念性建筑和特别重要的建筑结构为 100 年。

6. 建筑结构的安全等级

应根据结构破坏可能产生的后果（危及人的生命、造成经济损失、产生社会影响）的严重性，采用不同的安全等级。按照《建筑结构可靠性设计统一标准》（GB 50068—2018）的要求，建筑结构应分为一级、二级、三级共三个安全等级。

7. 地基基础设计等级

按照《建筑地基基础设计规范》（GB 50007—2011），地基基础设计分为甲、乙、丙三个等级。

6.4.2 结构选型

1. 结构选型的原则和方法

上部结构选型是结构工程设计中最困难的一个问题，从目前的结构材料来说，高层建筑主要分为混凝土结构、钢与混凝土的混合结构和全钢结构三类。高层建筑钢筋混凝土结构可采用框架、剪力墙、框架—剪力墙、简体和板柱—剪力墙结构体系。混合结构是指由钢框架或型钢混凝土框架与钢筋混凝土剪力墙或简体所组成的共同承受竖向和水平作用的高层建筑结构。全钢结构则是指全部采用钢结构梁、柱、支撑、桁架等构件共同形成的承受水平和竖向力的结构体系。

在实际的高层建筑设计中，为满足千变万化的建筑造型和复杂的功能要求，各种结构体系与之适应，也产生了很多种变化，产生出了一些新的特殊的结构体系，如巨型柱结构体系（金茂大厦）、空间网状钢结构体系（中央电视台新址工程主楼）等，这是结构工程师永远面临的挑战——不断创新的建筑造型和复杂的功能需求所带来的结构设计上的挑战。

对于高层和超高层建筑来说，影响上部结构选型的因素很多，包括结构材料、施工技术水平、结构设计理论的发展和设计手段的水平，当然还需考虑经济条件的制约。结构工程师在进行结构选型时必须综合考虑上述的各种因素。这也是项目管理者必须给重点关注的地方。项目管理者应要求结构工程师提出多种结构选型的方案，这一阶段可邀请行业内的专家，提出结构选型的建议，以弥补结构工程师可能的不足，同时对不同的结构选型方案要进行全面的比较和优化，比较的方面包括结构受力的合理性、施工的可建性以及结构造价等。最终设计方应提供结构选型的报告，对各个结构选型方案的平立面布置、受力合理性、施工可建性和方案的造价有比较详细的分析，并在此基础上，确定最优化的结构体系。只有结构选型的工作做得比较深入而全面，后续的结构设计工作才能够在一个稳固、合理的基础上快速前进。

对于高层建筑来说，影响上部结构选型的荷载主要是风荷载和地震作用，尤其是地震作用，是决定结构选型最重要的因素。一个好的结构选型必须具有良好的抗震性能。在《建筑抗震设计规范》（GB 50011—2010）（2016 年版）中，从抗震设计的角度，对结构体系的选择提出了以下几点要求：

1）应具有明确的计算简图和合理的地震作用传递途径。

2）应避免因部分结构或构件破坏而导致整个结构丧失抗震能力或对重力荷载的承载能力。

3）应具备必要的抗震承载力、良好的变形能力和消耗地震的能力。

4）对可能出现的薄弱部位，应采取措施提高抗震能力。

结构体系尚宜符合下列各项要求：

1）宜有多道抗震防线。

2）宜具有合理的刚度和承载力分布，避免因局部削弱或突变形成薄弱部位，产生过大的应力集中或塑性变形集中。

3）结构在两个主轴方向的动力特性宜接近。

以上的各项要求是结构抗震概念设计的基础，应满足的要求是强制性的，宜满足的要求则是非强制性的。根据上述抗震概念设计的要求，建筑及其抗侧力结构的平面布置宜规则、对称，并应具有良好的整体性；建筑的立面和竖向剖面宜规则，结构的侧向刚度宜均匀变化，竖向抗侧力构件的截面尺寸和材料强度宜自下而上逐渐减小，避免抗侧力结构的侧向刚度和承载力突变。

根据上述的要求，高层建筑的结构分为规则结构和非规则结构两类。规则结构具有良好的抗震性能，不规则的建筑应按规定采取加强措施；特别不规则的建筑应进行专门研究和论证，采取特别的加强措施；严重不规则的建筑不应采用。

在实际的工程中，越来越多的建筑方案采用了非规则的结构，不规则结构又分为平面不规则和竖向不规则两类，见表6-5和表6-6。

表6-5　平面不规则的类型

不规则类型	定义
扭转不规则	在具有偶然偏心的规定水平力作用下，楼层两端抗侧力构件弹性水平位移（或层间位移）的最大值与平均值的比值大于1.2
凹凸不规则	结构平面凹进的一侧尺寸，大于相应投影方向总尺寸的30%
楼板局部不连续	楼板的尺寸和平面刚度急剧变化，例如，有效楼板宽度小于该层楼板典型宽度的50%，或开洞面积大于该层楼面面积的30%，或较大的楼层错层

表6-6　竖向不规则的类型

不规则类型	定义
侧向刚度不规则	该层的侧向刚度小于相邻上一层的70%，或小于其上相邻三个楼层侧向刚度平均值的80%；除顶层外或出屋面小建筑外，局部收进的水平向尺寸大于相邻下一层的25%
竖向抗侧力构件不连续	竖向抗侧力构件（柱、抗震墙、抗震支撑）的内力由水平转换构件（梁、桁架等）向下传递
楼层承载力突变	抗侧力结构的层间受剪承载力小于相邻上一楼层的80%

当存在多项不规则或某项不规则超过规定的参考指标较多时，应属于特别不规则的建筑。

152

在结构的规则性之外，规范对各类钢结构体系，以及各种钢与混凝土的混合结构体系的适用高度也进行了限定：《建筑抗震设计规范》（GB 50011—2010）（2016 年版）第 6.1.1 条规定现浇钢筋混凝土房屋的结构类型和最大高度应符合表 6-7 的要求。平面和竖向均不规则的结构，适用的最大高度宜适当降低。

本章"抗震墙"是指结构抗侧力体系中的钢筋混凝土剪力墙，不包括只承担重力荷载的混凝土墙。

表 6-7　现浇钢筋混凝土房屋适用的最大高度（m）

结构类型		烈　　度				
		6	7	8（0.2g）	8（0.3g）	9
框架		60	50	40	35	24
框架—抗震墙		130	120	100	80	50
抗震墙		140	120	100	80	60
部分框支抗震墙		120	100	80	50	不应采用
筒体	框架—核心筒	150	130	100	90	70
	筒中筒	180	150	120	100	80
板柱—抗震墙		80	70	55	40	不应采用

注：1. 房屋高度是指室外地面到主要屋面板板顶的高度（不包括局部突出屋顶部分）。

2. 框架—核心筒结构是指周边稀柱框架与核心筒组成的结构。

3. 部分框支抗震墙结构是指首层或底部两层为框支层的结构，不包括仅个别框支墙的情况。

4. 表中框架，不包括异型柱框架。

5. 板柱—抗震墙结构是指板柱、框架和抗震墙组成抗侧力体系的结构。

6. 乙类建筑可按本地区抗震设防烈度确定其适用的最大高度。

7. 超过表内高度的房屋，应进行专门研究和论证，采取有效的加强措施。

《建筑抗震设计规范》（GB 50011—2010）（2016 年版）第 8.1.1 条规定，钢结构民用房屋的结构类型和最大高度应符合表 6-8 的规定。平面和竖向均不规则的钢结构，适用的最大高度宜适当降低。

表 6-8　钢结构房屋适用的最大高度（m）

结构类型	烈度				
	6度、7度 （0.01g）	7度 （0.15g）	8度 （0.20g）	9度 （0.30g）	（0.40g）
框架	110	90	90	70	50
框架—中心支撑	220	200	180	150	120
框架—偏心支撑（延性墙板）	240	220	200	180	160
筒体（框筒、筒中筒、桁架筒、束筒）和巨型框架	300	280	260	240	180

注：1. 房屋高度是指从室外地面到主要屋面板板顶的高度（不包括局部突出屋顶的部分）。

2. 超过表内高度的房屋，应进行专门研究和论证，采取有效的加强措施。

3. 表内的筒体不包括混凝土筒。

对于钢支撑—混凝土框架和钢框架—混凝土筒体结构，即钢—混凝土的混合结构，其抗震设计应符合《建筑抗震设计规范》（GB 50011—2010）（2016 年版）附录 G 的规定。附录 G.2.1 条规定，按本节要求进行抗震设计时，钢框架—混凝土核心筒结构适用的最大高度不宜超过本规范第 6.1.1 条钢筋混凝土框架—核心筒结构最大适用高度和本规范第 8.1.1 条钢框架—中心支撑结构最大适用高度两者的平均值。超过最大适用高度的房屋，应进行专门研究和论证，采取有效的加强措施。

不规则结构和超过适用高度的结构统称为超限结构。超限结构的结构设计和施工都会面临比规则结构更多的问题和困难，结构造价上也会大幅度地增加。业主在选用超限结构的建筑方案时必须慎重，要根据项目的实际情况量力而行。超限结构的结构选型是一项更为困难的工作，需要项目管理者给予充分的关注，也需要结构工程师大量的创造性劳动，应积极地采用新技术和新思路来解决。

2. 各类结构的选型

高楼结构设计的特点是：在较低楼房中，通常是以重力为代表的竖向荷载控制着结构设计，水平荷载对构件截面尺寸的影响一般可以忽略不计。但在高层建筑中，虽然竖向荷载仍对结构设计产生着重要影响，但水平荷载却起着决定性的作用，而且随着楼房层数的增多，水平荷载成为结构设计的关键性因素。这是因为，竖向荷载在构件中产生的轴力和弯矩，其数值是与楼房高度的一次方成正比的，而水平荷载对结构产生的倾覆力矩，以及由此而引起的竖向构件轴向力，是与楼房高度的二次方成正比的。

水平荷载包括风荷载和地震荷载，在非抗震设防地区，风荷载是控制水平荷载，而在地震区，则地震荷载成为结构设计的控制性因素。

（1）钢筋混凝土结构

这是最为传统的一种结构形式，技术也最为成熟完备，其结构形式包括框架结构体系、框架剪力墙结构体系、剪力墙结构体系、框架核心筒结构体系、筒中筒结构体系等。钢筋混凝土结构体系的适用高度相比于钢结构以及钢与混凝土的混合结构要低，且混凝土构件也占用更多的空间面积，施工速度较慢。所以，在钢结构造价目前可以接受的前提下，多数高层结构和超高层结构采用混合结构或钢结构，而多层结构和部分高层建筑采用纯钢筋混凝土结构。

钢筋混凝土结构本省自重较大，不规则的异型结构，以及轻灵的建筑体型也不适合采用钢筋混凝土结构。

钢筋混凝土框架体系是发展最早、最成熟且最基本的体系，即由钢筋混凝土梁、板、柱构成的结构系统。框架体系可以有效承受重力荷载，但其缺点是抵抗水平荷载的能力较差。为了增加框架体系抵抗水平荷载的能力，主要采用增加剪力墙的方式，在水平面内相互垂直的两个方向，根据受力的需要，布置适当数量的剪力墙，形成以下几种不同的钢筋混凝土结构体系：

1）框架—剪力墙体系。由钢筋混凝土梁、板、柱、剪力墙共同构成的结构体系。框架主要承受重力，剪力墙主要承受风和地震等水平力，两者分工协作，剪力墙的数量和位置要根据受力的需要来布置，并不是布置得越多越好，适度延性的结构抗震性能最佳。剪力墙的布置往往与楼梯间、电梯井和管道井的布置结合起来，受力的同时承担维护结构的功能。

2）剪力墙结构。剪力墙本身即是钢筋混凝土墙体，也可以承受重力荷载，所以全部由剪力墙来承受水平和竖向荷载的结构体系称为剪力墙结构。但根据受力及构造需要，仍需要在边角处及受力较大处布置梁柱。

3）框架—核心筒结构体系。这是钢筋混凝土高层建筑常用的一种结构形式。核心筒由剪力墙围合而成，可以是圆形、矩形或其他不规则形状，核心筒可以是一个，也可以是多个，根据建筑平面及结构受力需要来确定。核心筒同时要承担竖向连通的功能，电梯、楼梯、管井一般都放置在核心筒内。核心筒主要承担水平荷载，为避免产生扭转，核心筒要尽量避免偏心设置。核心筒之外，是由梁、板、柱构成的框架结构，主要承担竖向荷载。

4）筒中筒结构。当建筑的高度更高，地震力更大时，需要有受力性能更强大的结构形式，筒中筒结构就是这样的结构形式。不仅内筒是剪力墙围合而成的钢筋混凝土核心筒，连外围结构也需要形成筒状结构，共同承担水平荷载。外筒可以是剪力墙结构的筒体，也可以是密柱深梁构成的筒体，视建筑功能和受力需要而定。

上述是钢筋混凝土多层及高层建筑主要的结构形式。在实际应用中，多是上述形式复合使用。

（2）全钢结构

在钢结构的诸多体系中，钢框架体系是最基本的一类体系，它有着布置灵活、施工速度快等一系列优点，但也有一个致命缺点就是刚度比较低，抵抗水平荷载的能力比较差。为了增强其抵抗水平荷载的能力，有诸多的方法和手段，也形成了诸多的钢结构体系，这些方法和手段主要包括以下几方面：

1）增加支撑。在框架体系的基础上，沿房屋的横向、纵向或其他主轴方向，根据侧力的大小布置一定量的竖向支撑，由此形成了框架支撑体系。若高楼为矩形、圆形、多边形等规则平面，在建筑的平面布局上有比较明确的核心区，用来集中作为电梯井，结构方面则可以将各片竖向支撑布置在核心区的周围，从而形成一个抗侧力的立体构件——支撑芯筒，由此形成框架—支撑芯筒体系。如图6-4和图6-5所示。

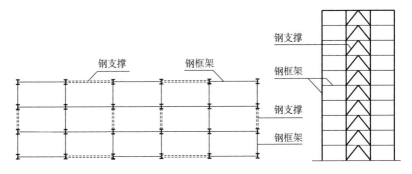

图 6-4 典型的框架支撑体系

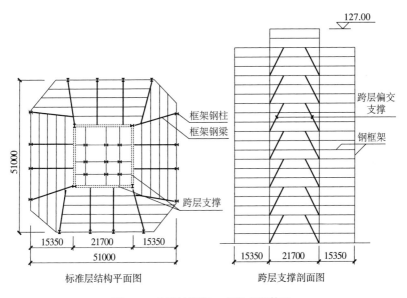

标准层结构平面图

跨层支撑剖面图

图 6-5 典型的框架—支撑芯筒体系

2）增加墙板抗侧力构件。其是在框架体系的基础上，沿房屋的横向、纵向或其他主轴方向，布置一定数量的预制墙板。预制墙板可以是带纵横加劲肋的钢板墙，也可以是内藏钢板支撑的预制钢筋混凝土墙板，或预制的带水平缝或竖缝的钢筋混凝土墙板。为了保证墙板只承受水平剪力而不承担重力荷载，墙板四周与钢框架梁、柱之间留有缝隙，仅有数处与钢梁相连，由此而形成框架—墙板体系。框架—墙板体系的受力特点是：预制墙板只承担楼层水平剪力，同时为整个结构体系的抗推刚度提供部分抗剪刚度。钢框架承担水平荷载引起的全部倾覆力矩和部分水平力，钢框架提供部分抗剪刚度和全部整体抗弯刚度。如图6-6所示。

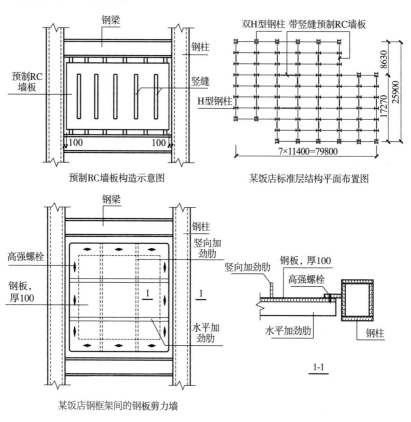

预制RC墙板构造示意图　　　　某饭店标准层结构平面布置图

某饭店钢框架间的钢板剪力墙

图6-6　典型的框架—墙板体系

3）采用"密柱深梁"形成框筒。所谓框筒是指由三片以上"密柱深梁"框架所围成的抗侧力立体构件。框筒体系是指由建筑平面外圈的框筒和楼面内部的框架所组成的结构体系。密柱是指框筒采取密排钢柱，柱的中心距一般为3～4.5m。柱的强轴方向应位于框架所在平面内，以增加框筒的抗剪刚度和受剪承载力。深梁是指较高截面的实腹式窗裙梁，截面高度一般取0.9～1.5m，使钢梁具有很大的抗弯刚度，以减小框筒的剪力滞后效应。框筒的平面形状可以是圆形、矩形、三角形、多边形或其他不规则的形状。因为框筒体系的抗侧力构件沿房屋周边布置，不仅具有很大的抗倾覆能力，而且具有很强的抗扭能力，所以框筒体系也适合于平面复杂的高楼。楼面内部的框架仅承受重力荷载，所以柱网尺寸可以按照建筑平面功能要求随意布置，不要求规则、正交，柱距也可以加大。

4）采用筒中筒体系。为了进一步增强结构抵抗水平荷载的能力，将两个或两个以上的同心框筒组成新的结构体系，称为筒中筒体系。外筒通常都是由密柱深梁组成的钢框筒，某些情况下，外框筒将增加大型支撑来增加其受力性能或局部增大开孔面积。内筒则可以是密柱深梁所组成的钢框筒，也可以是框架—墙板，或支撑芯筒等。

高楼在水平荷载作用下，内外筒通过各层楼板的联系来共同承担作用于整个结构的水平剪力和倾覆力矩。为了增加内外筒之间的整体协调作用，可以在楼房顶层及每隔若干层，在内外筒之间设置水平刚性桁架，这样能够更加有效地加强弯曲型构件与剪弯型构件侧向变形的相互协调，对于减小结构顶点侧移和结构的层间侧移都是非常有利的。总之，筒中筒体系是一个比框筒体系更强、更有效的抗侧力体系，可用于高烈度地震区的楼房。如图6-7所示。

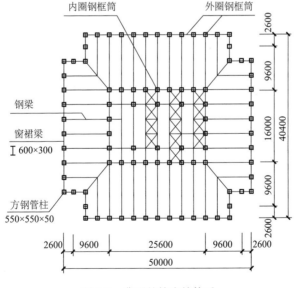

图6-7　典型的筒中筒体系

5）采用巨型框架体系。其是以巨型框架（主框架）为结构主体，再在其间设置普通的小型框架（次框架），所组成的结构体系。巨型框架的巨型柱，一般是沿建筑平面的周边布置，跨度按建筑使用要求而定，一般均为具有较大截面尺寸的空心、空腹立体构件。巨型梁一般采用一至二层高的空间桁架梁，每隔 12 ~ 15 层设置一道。巨型框架中间的次框架，则一般为普通的承重框架。在巨型框架体系中，巨型框架承担作用于整座大楼的全部水平荷载。在局部范围内设置的次框架，仅承担所辖范围内的楼层重力荷载。如图 6-8 所示。

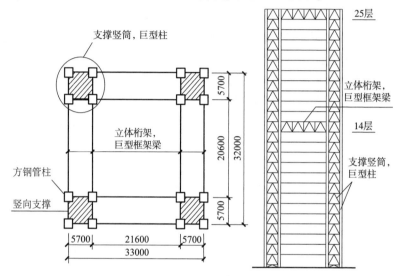

图 6-8　典型的巨型框架体系

以上所述的五种方法和手段是目前钢结构体系中最基本的形式，目前大多数的钢结构体系都是在上述的五种形式的基础上演化而来的，以满足实际建筑设计中对复杂体型的结构设计需要，形成了各种各样的钢结构体系，如框架体系、框架支撑体系、支撑芯筒—刚臂体系、框架—墙板体系、框筒体系、框筒束体系、支撑框筒体系、大型立体支撑体系等。

（3）钢—混凝土组合体系

钢—混凝土组合体系是目前国内高层建筑中采用最多的一种体系。这种体系的特点是：其结构体系中的承重构件和抗侧力构件，分别采用钢构件、型钢混凝土构件和钢筋混凝土构件。结构体系中的钢构件和钢筋混凝土构件，通过各楼层的板、梁和伸臂桁架之类水平构件连为一体，共同承担作用于楼房的水平荷载和竖向荷载并按照它们各自的抗推刚度和荷载从属面积进行分配。

这种混合结构组合体系充分利用了钢结构和混凝土结构各自的优点，做到了优势互补。钢结构的优点是材料强度高、延性好、界面尺寸小、跨度大等，而其缺点是抗推刚度小。而混凝土结构的优点恰恰在于具有较大的抗推刚度和抗剪承载力。钢—混凝土混合结构一般采用钢构件作为外围的承重框架，主要承受竖向力，在核心筒采用型钢混凝土结构或钢筋混凝土结构，主要用来承受水平力，内外的结构通过楼板、梁及伸臂桁架来形成一个整体共同受力，从而实现了钢结构与混凝土结构的优势互补。

混合结构与钢筋混凝土结构相比，可以有效地减少构件的截面面积，增加建筑的有效使用面积，结构的延性好，抗震性能可靠度高；与钢结构相比则可以有效增大抗推刚度，减少用钢量，减少复杂而昂贵的钢结构节点，同时施工速度并不比钢结构慢多少。

钢—混凝土混合结构组合体系的基本体系是"混凝土芯筒—钢框架"体系，它是由钢筋混凝土芯筒与外圈的刚接或铰接钢框架共同组成的混合结构组合体系，具有以下几个显著特征：

1）高楼的楼层平面采用核心式建筑布置方案，沿楼面中心部位的服务性面积周边设置钢筋混凝土墙体形成核芯筒，成为一个立体构件，在各个方向均具有较大的抗推刚度。

2）混凝土核芯筒是结构体系中的主要或唯一的抗侧力竖向构件。当楼面外圈为刚接框架时，芯筒则承担着作用于整座楼房的水平荷载的大部分，小部分由钢框架承担。当楼面外圈为铰接框架时，芯筒则承担楼房的全部水平荷载。

3）当芯筒的高宽比较大时，宜在高楼的顶层及每隔若干层的设备层或避难层，沿芯筒的纵横墙体所在平面，设置整层高的外伸刚性桁架（刚臂），加强芯筒与外圈钢柱的连接，让外圈钢柱与芯筒连成一个整体抗弯构件，以加大整个结构的抗推刚度和抵抗倾覆力矩的能力，减小结构的顶点侧移值和最大层间侧移值。

"混凝土芯筒—钢框架"体系是钢—混凝土混合体系中最基本的体系之一，也是目前钢—混凝土组合体系中应用最为广泛的体系之一。但为了适应目前建筑方案设计越来越新颖奇特、建筑功能日益复杂多样的要求，钢—混凝土混合结构在基本体系的基础上，衍生出了以下多种新的体系（图6-9和图6-10）。

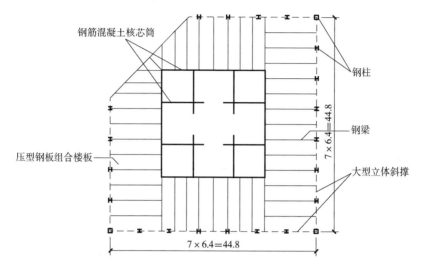

图6-9　典型的混凝土芯筒—钢框架体系（一）

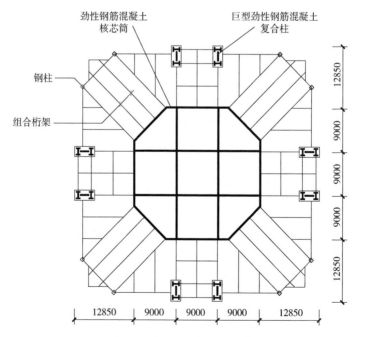

图6-10　典型的混凝土芯筒—钢框架体系（二）

1）混凝土偏筒—钢框架体系。适用于某些需要开阔空间的高层建筑，不允许采用核心式建筑布置方式，而是将核心筒布置在楼面的一角或一侧，形成了混凝土偏筒—钢框架体系。偏置于楼面一侧的钢筋混凝土核芯筒具有很大的抗推刚度，为了尽量减少各楼层的结构偏心，减少结构在地震作用下的扭转，芯筒另一侧钢框架宜采用具有较大抗推刚度的大截面梁和柱。

2）混凝土内筒—钢外筒体系。此种体系是将外圈的钢框架进行加强，采用密柱深梁形成钢框筒和内圈的钢筋混凝土核芯筒一起，形成筒中筒体系。其适用于高度大于200m、高宽比大于4的高层建筑。

3）芯筒悬挂体系。这是一种特殊的混合结构体系，混凝土核芯筒之外的钢框架均通过悬臂钢桁架及钢吊杆悬挂在核心筒上，核芯筒承受所有的竖向荷载和水平荷载。这种体系是为了适应特殊的建筑设计而产生的，其抗震性能较差，仅适用于非地震区及低烈度区的高层建筑，其适用高度也不应过高。

4）多筒钢梁体系。其是由三个或以上的钢筋混凝土筒体作为竖向构件，各楼层大跨度钢梁（或桁架）作为水平构件所组成的结构体系。多筒钢梁体系适用于层数不是很多，楼面使用面积要求宽阔无柱空间的高层建筑。多个钢筋混凝土筒体与横跨其间的大型钢梁所组成的立体框架，承担着大楼的全部重力荷载和水平荷载。大型钢梁之间布置型钢次梁，承托各层现浇钢筋混凝土组合楼板。

5）混凝土框筒—钢框架体系。其特点在于将混凝土核芯筒推到外围，形成钢筋混凝土框筒，而钢框架则转移到钢筋混凝土框筒的内部。这样使建筑维护部件与结构承力构件合二为一，大楼外墙面除了采光所需面积外，其余面积均可用于钢筋混凝土框筒的梁和柱，使框筒各杆件具有较大截面尺寸，从而减弱框筒的剪力滞后效应，提高框筒的抗推刚度和抗倾覆能力。由于外框筒承担了整座大楼的全部水平荷载后，内部框架仅需承担竖向荷载，梁与柱之间可以采取铰接，简化了构造，方便了施工。建筑内部采用钢结构，可以充分加大柱网尺寸，从而能为楼面提供开阔的使用空间。

以上提到的只是几种典型的钢—混凝土混合结构组合体系，由于建筑设计的千变万化，结构设计在基本设计规律不变的基础上，也呈现出丰富的变化和多样性，结构工程师必须发挥他们的创造性，应对建筑设计不断的挑战。

6.4.3　结构的分析计算

结构的分析计算涉及以下两方面的问题：一是结构安全，二是结构造价。对于结构安全，相关规范有明确的要求，在初步设计阶段对超限建筑的抗震设防专项审查的目的也是对结构的安全进行控制。在满足结构安全的前提下，能否有效地实现对结构造价的控制，则需要设计师在结构分析计算上做大量深入而细致的工作，并采用先进、精确、科学而合理的分析方法，而不仅仅是一味偏保守地进行计算。要做到这一点，一方面需要设计者的责任心和设计水平；另一方面，也需要项目管理者选派具有相应专业知识和管理能力的人员来促进设计师的工作。

1. 荷载与荷载的组合

结构分析计算首先要明确荷载与荷载的组合。

荷载包括永久荷载和可变荷载，对于荷载在前面的内容中已有比较详细的说明。荷载组合是指结构设计应根据使用过程中在结构上可能同时出现的荷载，按承载能力极限状态和正常使用极限状态分别进行荷载（效应）组合，并应取各自最不利的效应组合进行设计。

简单来说，就是结构上同时可能有多个荷载，每个荷载都会对结构的受力和变形产生影响，最终结构设计是考虑这些多个荷载的综合作用，并且是最不利的情况。由于各个荷载对结构的影响是不同的，所以每个荷载对结构的影响要乘以一个贡献的系数，然后再综合到一起。荷载组合就是要确定哪些荷载参与组合及每个荷载的参与系数是多少，荷载组合可以按照相关规范要求来执行。

表6-9为实际工程中采用的荷载组合系数表，适用于小震弹性分析，用于进行构件承载力验算，各荷载作用的分项系数应按表6-9取值，并取各构件可能出现的最不利组合进行截面设计。

表 6-9　荷载效应组合系数（承载力验算）

组合		恒载		活载		风	地震	
		不利	有利	不利	有利		水平	竖向
1	恒载＋活载	1.35	1.0	0.7(0.9)×1.4	0.0	—	—	—
2	恒载＋活载	1.2	1.0	1.4	0.0	—	—	—
3	恒载＋活载＋风载	1.35	1.0	0.7(0.9)×1.4	0.0	1.0×1.4	—	—
4	恒载＋风载	1.35	1.0	—	—	1.0×1.4	—	—
5	恒载＋活载＋水平地震＋风载	1.2	1.0	0.5×1.2	0.5	0.2×1.4	1.3	—
6	恒载＋活载＋竖向地震＋风载	1.2	1.0	0.5×1.2	0.5	0.2×1.4	—	1.3
7	恒载＋活载＋水平地震＋竖向地震＋风载	1.2	1.0	0.5×1.2	0.5	0.2×1.4	1.3	0.5
8	恒载＋活载＋水平地震＋竖向地震＋风载	1.2	1.0	0.5×1.2	0.5	0.2×1.4	0.5	1.3

注：当活载大于4kPa时，取值为(0.9)。

2. 抗震分析

结构分析的重点是抗震分析，其他荷载的分析则要简单得多。对于抗震分析，目前仍有许多问题研究得不是很透彻。《建筑抗震设计规范》（GB 50011—2010）（2016 年版）对抗震分析提出了具体的要求，这也是项目管理者应予以关注和了解的，以下将对抗震分析中项目管理者应予以关注的一些重点问题进行说明：

（1）规范对于结构抗震设防分析计算的总体要求

抗震设防烈度为 6 度时的建筑（不规则建筑及建造于Ⅳ类场地上较高的高层建筑除外），以及生土房屋和木结构房屋等，应符合有关的抗震措施要求，但应允许不进行截面抗震验算。

抗震设防烈度为 6 度时不规则建筑、建造于Ⅳ类场地上较高的高层建筑，以及抗震设防烈度为 7 度或 7 度以上的建筑结构（生土房屋和木结构房屋等除外），应进行多遇地震作用下的截面抗震验算。

对于表 6-10 所列的各类结构还应进行多遇地震作用下的抗震变形验算，按弹性层间位移角限值控制；对于不规则且具有明显薄弱部位可能导致地震时严重破坏的建筑结构［具体可参见《建筑抗震设计规范》（GB 50011—2010）（2016 年版）第 5.5.2 款的要求］，应按规定进行罕遇地震作用下的弹塑性变形分析，按表 6-11 所示的弹塑性层间位移角限值控制。

表 6-10 弹性层间位移角限值

结构类型	$[\theta_e]$
钢筋混凝土框架	1/550
钢筋混凝土框架—抗震墙、板柱—抗震墙、框架—核心筒	1/800
钢筋混凝土抗震墙、筒中筒	1/1000
钢筋混凝土框制支层	1/1000
多、高层钢结构	1/300

表 6-11 弹塑性层间位移角限值

结构类型	$[\theta_p]$
单层钢筋混凝土柱排架	1/30
钢筋混凝土框架	1/50
底部框架砌体房屋中的框架—抗震墙	1/100
钢筋混凝土框架—抗震墙、板柱—抗震墙、框架—核心筒	1/100
钢筋混凝土抗震墙、筒中筒	1/120
多高层钢结构	1/50

（2）建筑抗震设防的三水准及其在分析计算中的落实，以及基于性能的设计方法

建筑抗震设防的三水准是：小震可用，中震可修，大震不倒。如

何将这一目标在具体的分析设计中加以体现呢?《建筑抗震设计规范》(GB 50011—2010)中对于小震(多遇地震)和大震(罕遇地震)有比较明确的要求。对于小震,结构必须处于弹性工作状态,按结构应力和结构变形进行双重控制,对于结构应力和结构变形的控制目标也有比较明确的要求;对于大震,则必然有部分构件会屈服,这时结构控制的关键是最薄弱部位的变形不能过大,以免结构倒塌,在规范中对最薄弱部位的变形控制有明确的要求。总而言之,规范要求按照小震进行设计,并对大震进行变形验算,确保不坍塌,但对于中震设计,却没有比较明确的性能目标要求。

在实际的结构分析过程中,如何满足三水准的要求,仍然有许多工作需要设计方根据工程具体情况来进行深入研究。小震的要求是很明确的,所有的构件和节点都必须处于弹性;在大震状态下,最薄弱部位的变形须满足规范要求,同时对某些关键构件的受力性能控制目标也会提出要求,但哪些构件属于关键构件,其性能控制目标是什么,需要设计方依据工程的具体情况来确定,规范没有具体要求;对于中震,即地震抗震设防烈度,是介于小震和大震之间的一个状态,在中震状态下,可以允许部分次要构件进入屈服状态,但不会对结构造成较大的破坏,经修复后可以继续使用,对具体构件的性能控制目标,包括应力和变形,规范中均没有具体明确的指标要求,在这种情况下,需要根据工程设计的具体情况来进行研究确定。

以上所述的内容建立在一种基于性能的设计方法的基础上,要求工程师必须将抗震分析的工作进行得深入而细致,在三水准设防的前提下,明确在各个设防水准下各类构件的性能控制目标,以此为基础进行抗震设计。性能控制目标的确定需要进行大量的反复分析论证工作,定得过高,一方面难以做到,也不利于控制结构造价,过低又无法保证结构安全,需要工程师经过深思熟虑、进行大量的分析论证后确定一个合理的目标。

中央电视台新址工程主楼在抗震设计的过程中,设计方采用了基于性能的设计方法:按小震弹性进行设计,在大震状态下,除了按照规范明确了层间位移和层间延性的要求,对主要的构件都提出了明确的性能控制目标，如转换层为弹性，梁、柱、支撑也都提出了性能控制目标；在中震状态下，则要求柱和转换层均为弹性，对悬臂根部、受力最大部位的构件也要求弹性，同时对其他构件的抗震性能也提出了明确的要求。各类构件的抗震性能目标见表6-12。表6-12中的性能目标是经过了反复的分析计算、专家讨论后确定的。

表6-12　各类构件的抗震性能控制目标

地震烈度	小震 （多遇地震）	中震（设防烈度）	大震（罕遇）
抗震性能	没有破坏	有破坏，但可修补	不可倒塌
允许层间位移	$h/300$	$h/100$	$h/50$
层间延性	<1（弹性）	<2	<4
梁性能	弹性	$\theta_p < 0.01$弧度	$\theta_p < 0.04$弧度
支撑性能	弹性	悬臂与塔楼连接附近的支撑以及悬臂区域内的外筒支撑弹性，屈服支撑的性能要求：受压缩短 $3 \sim 4\Delta c$；受拉伸长 $4 \sim 5\Delta t$	受压缩短 $7\Delta c$ 受拉伸长 $9\Delta t$
柱性能	弹性	弹性	柱脚不屈服，其他最大变形：压应变0.02，受拉伸长 $5\Delta t$
转换桁架	弹性	弹性	弹性

注：Δc 为受压屈曲时的轴向缩短；Δt 为受拉屈服时的轴向伸长。

　　表6-12所示性能分析目标是针对中央电视台新址工程主楼而设定的，并不一定完全适用于其他工程项目，项目应根据具体情况制定相应的性能分析目标。

（3）结构分析的方法

　　目前计算机技术和结构分析软件的发展为复杂结构的分析计算提供了可能，也使得复杂结构的设计成为可能。在《建筑抗震设计规范》（GB 50011—2010）（2016年版）中，对结构分析的方法提出了比较明确的要求。如在小震分析中要求采用的底部剪力法、振型分解反应谱法、弹性时程分析法等；在大震分析中要求采用的静力弹塑性方法（Push-Over分析）、弹塑性时程分析法等。

目前可用于复杂结构的分析软件很多，常用的软件包括ANSYS、SAP2000、ETABS、ABAQUAS、SATWE等，这些软件在工程中都得到了广泛的应用，并得到业界的认可。但考虑到不同分析软件的特点和局限性，在规范中也明确要求，对于复杂结构，应采用两个以上的软件，建立两个以上的力学模型来进行分析，并对计算结果进行分析比较。这一点，项目管理者应加以注意。

同时规范还要求：计算模型的建立，应进行必要的简化计算与处理，应符合结构的实际工作状况；另外，所有的计算机计算结果，应经分析判断确认其合理、有效后方可用于工程设计。

✅ 6.4.4 结构的试验工作

对于一些复杂的结构，往往需要进行一些结构试验，结构试验的目的有两个：一是为结构的设计提供基本的设计参数；二是对结构分析计算的成果进行验证。有时，一些结构试验兼顾这两方面的功能。从广义的角度来讲，结构试验可以推进结构工程学的进步。

一个工程项目要进行哪些结构试验，是需要根据工程的实际情况来确定的，一般来说包括以下几个项目：

1. 风洞试验

针对不规则的结构体型，为结构抗风设计提供风荷载的设计参数。

2. 试桩试验

针对采用桩基础的结构，为桩基础设计提供基础的设计参数。

3. 结构整体模型的振动台抗震模拟试验

对结构的整体抗震性能进行检验，发现结构抗震的薄弱部位，是对结构抗震分析的检验和补充。

4. 结构的节点试验

对结构设计中采用的新型节点进行试验，以确定其受力性能，为结构受力分析提供基础的设计参数。

5. 结构的构件试验

对结构设计中采用的新型构件进行试验，以确定其受力性能，为结构受力分析提供基础的设计参数。

结构试验需要在初步设计的开始阶段就作出全面的规划，尽快予以安排。结构试验应由结构设计师提出结构试验的技术要求，由业主组织确定结构试验的承担机构。

✅ 6.4.5　构件和节点设计

结构设计的成果最后都要落实到结构构件和节点的设计上来。构件包括梁、柱、板、墙、支撑等。节点则是这些构件之间连接处的做法。构件的设计相对要容易一些，其受力的规律性较强，而节点的形式则往往千变万化，受力也非常复杂。需要通过结构受力分析和构造措施来共同保证节点的受力安全。

节点设计的原则是节点不能早于构件破坏，所以节点的设计相对构件来说要更强、更安全。

典型的节点包括柱脚节点、梁柱节点、主次梁的节点等。在结构设计规范中，对常规的节点做法有非常详细的构造措施规定。但对于一些非常规的节点，则需要结构设计师重点设计。在初步设计阶段，要完成关键节点、非常规节点及典型节点的设计，如果设计分析手段不足的话，还需要通过节点试验来摸清节点的受力性能。节点设计不仅是结构设计的一个重要组成部分，也对结构造价有一定的影响。

| 6.5　建筑电气 |

机电设计包括建筑电气、供暖通风空调、给水排水三个专业。其设计一般依据下面的程序：先确定基本的设计参数，然后确定可行的技术方案，绘制系统图，接着与建筑商量确定机房的位置和室内布局，然后进行设备选型、管线的选择和布置。最后很重要的一步是管线综合，要建筑、结构、机电各专业一起对管线的布置进行优化，使管线的布置尽量整齐、美观、合理，保证室内的净空高度。

按照建筑工程设计文件编制深度相关规定，在方案设计阶段，建筑电气设计仅要求对电气系统的主要方面进行概念性说明。在进入初步设计阶段以后，电气系统的设计才真正开始。

✅ 6.5.1　概念及设计参数

对电气系统来说，最基本的设计参数有两个：一是负荷的等级，二是用电负荷需求。电气系统的设计，主要为了满足这两项基本需求而展开。这两项参数的确定，必须给予高度重视，定得过高必然要加大投资，定得过低又不能满足需求，因此必须要合理确定，其原则是在满足正常需求的基础上留出合理的余量。

负荷等级分为一级、二级、三级共三级，分级的依据主要根据项目的重要性及断电对项目的影响程度来划分。不同负荷等级对供电的可靠性要求不同：一级负荷要求两路独立电源，重要负荷还要求自备发电装置、UPS 等应急电源；二级负荷要求一用一备；三级负荷则没有特殊要求。确定负荷等级的依据是国家标准《供配电系统设计规范》（GB 50052—2009），以及业主的需求。

用电负荷量在可行性研究阶段进行过估算，但在初步设计阶段，需要进行比较准确的计算，其计算结果作为设计依据。一般采用需要系数法来进行计算，简单来说，就是要统计建筑物每一个用电设备的计算负荷，并乘以相应的系数后，汇总为总的用电量需求。这是一项比较复杂而细致的工作，要仔细核算，确保不遗漏，满足需求。

✅ 6.5.2　确定供配电系统的总体设计

供配电系统是一个发散性的树状结构，从一到两个总电源点一级级扩展到各用电末端，中间的组成部分是各级的变配电所（室）、输电线路及控制线路。供配电系统设计要确定供配电的总体方案、各级变配电所（室）在室外或建筑物内的物理位置、所（室）内具体布置、变配电设备的选型、输电线缆的选型及接线方式、线缆的敷设方式、电气控制系统的方案及组成等。这是一个非常复杂的系统，项目的规模越大，供电等级越高，系统也越复杂。

6.5.3 总体的供电方案

民用建筑的供电方案，根据建筑规模、总电量负荷的大小、负荷等级，大致可以分为以下四种类型：

1）对于用电负荷在100kW以下的民用建筑，一般不必单独设置变压器，只需设立一个低压配电室，采用380/220V低压供电即可。

2）对于用电负荷在100kW以上的小型民用建筑，一般只需设置一个简单的降压变电所，把电源进线的10kV电压，降为380/220V低压。

3）对于中型民用建筑群，电源进线一般为10kV，经过高压配电所，用几路高压配电线，将电能分别送到各建筑物的变电所，经过降压变压器，得到380/220V低压，供给用电设备。

4）对于大型和超大型的建筑项目，电源进线一般为35kV，甚至110kV，需要经过两次降压，第一次先将高压降为10kV，然后用高压配电线路送到各建筑物的变电所，再降为380/220V低压。

项目管理者要根据项目的具体情况来确定总体的供电方案。

6.5.4 各级变配电所（室）在室外或建筑物内的物理位置

变电所和配电所是供电系统的核心，变电所将电压进行转换，而配电所则实现电源的开闭和电能的分配。变电所的形式很多，如我们常见的室外成套箱式变电站、室外杆上变电站、建筑在地下室内的变电所等，在城市建筑项目中，多采用室外成套箱式变电站，或建筑在地下室内的变电所，以节省空间。变配电所的位置要按照以下原则进行选择：

1）变配电所应尽量靠近电源进线方位，以减少电能的传输。

2）变配电所应靠近负荷中心，供电半径不宜超过250m。

3）民用建筑中不宜采用露天或半露天的变配电所，宜选用带防护外壳的户外成套变配电所。生活小区的变配电所宜独立设置，高层公共建筑的变配电所应设置在建筑物内部，并尽量靠近负荷中心和电气竖井。当建筑设有避难层或转换层时，应在避难层和转换层内设置变配电所。

4）在高层建筑内设置变配电所时，应考虑变配电设备的运输通道和起重条件，必要时在结构内预留洞口或利用电梯通道来进行运输。

5）应考虑进出线方便，特别是低压出线，最多可达几十路，分几处用二层或三层电缆托架送出，如变配电所靠近电气竖井，无疑会方便很多。

6）变配电所不应设置在有剧烈振动的场所，不应设置在地势低洼或有可能积水的场所，不应设置在多尘、潮湿或有腐蚀性气体的场所，不应设置在爆炸危险场所内和有火灾危险的场所内，如无法避免上述的情况，则必须有相应的措施。

7）高层建筑地下室变配电所的位置，宜选择在通风散热条件好的场所，并有相应的防水措施。

✅ 6.5.5 变配电所的室内布置

变配电所是一个复合的功能体，它由一系列的功能单元空间组成，如高、低压配电室，高压电容器室，变压器室，控制室，值班室等，当然也不是每个变配电所都包含上面所有的单元空间，要根据具体情况来进行设计。这些功能单元之间的相互位置关系及其自身的布置，都是我们要重点关注的方面，具体如下：

1）总体要求是布置要紧凑合理，进出线方便，保证运行安全，操作、维护、检修和试验方便。尽量采用自然采光和自然通风。控制室、值班室和辅助间的布置应便于运行人员的工作和管理。变配电所不应有与其无关的管道或线路通过。

2）高压配电室的位置应便于进出线，低压配电室应尽可能靠近变压器，高压电容器应与高压配电室毗连。

3）变电所宜单层布置。当采用双层布置时，变压器应设在底层，并考虑吊芯检修的高度。

（侧栏）第 6 章 设计文件的质量管理——概念及技术方案

4）高、低压配电室及变压器室应适当留有备用间隔和扩充的余地。高、低压配电室内宜留有适当数量的开关柜（屏）的备用位置，变压器室中的变压器外形轮廓应按其容量大一级考虑。

5）由同一变配电所供给一级负荷用电时，母线分段处应设防火隔板或有门洞的隔墙。供给一级负荷用电的两路电缆不应通过同一电缆沟；当无法分开时，该电缆沟内的两路电缆应采用阻燃型电缆，且应分别敷设在电缆沟两侧的支架上。

6）变压器室，高、低压配电室，电容器室等都应有防雨、防雪和防止小动物从采光窗、通风窗、门及电缆沟、电缆保护管等进入室内的措施。

7）低压配电室内，低压配电屏一般不靠墙安装，屏后距墙约 1m，屏的两端有通道时应有防护板。成排布置的低压配电屏，其屏前和屏后的通道宽度要满足相应的要求。当其长度大于 6m 时，屏后面的通道应有两个通向本室或其他房间的出口，当两出口之间的距离大于 15m 时，其间还应增加出口。低压配电室通道上方裸带电体应进行防护，并满足一定的高度要求。

8）控制室内安装的主要设备有控制屏（台）、信号屏、电源屏等。除了大中型变电所，一般物业供电中不单独设置控制室，设置控制柜即可。控制室一般与 6~10kV 高压配电室相毗邻。控制室屏的布置，要求安装调试方便，整齐美观。其排列方案视屏的数量多少而定。常采用 L 形或一字形布置。一般将控制屏和信号屏布置在正面，电源屏布置在侧面或两边。各屏间距及通道宽度要满足一定要求。

9）变压器室的结构和布置形式，取决于变压器的形式、容量、放置方式以及电气主接线方案、进出线方式和方向等因素，并应考虑运行维护安全、方便，以及自然通风、采光、防火、近期发展等问题。

10）值班室可单独设置，也可与控制室合并，或者与低压配电室合用。值班室的结构形式和布置要有利于运行维护，要紧靠高、低压配电室。高压配电室与值班室应直通或经走廊相通，值班室应有门直通室外或走廊。

✅ 6.5.6　电气设备的选型

电气设备一般包括发电机、变压器及各种高低压开关设备、保护设备、导线、电缆和用电设备（如电动机、照明）等。电气设备通常把 1kV 以上的称为高压设备，1kV 以下的称为低压设备。按电能性质不同，有交流设备、直流设备和交直流两用设备之分。按设备所属的电路性质不同，有一次设备和二次设备之分。其中，一次设备是指设置在主电路（即发、输、变、配、用电能的电路）中的各种设备，通常包括发电机、变压器、各种高低压开关、互感器、避雷器、接触器、母线、电缆、熔断器、用电负载（如电动机、照明、电热器）等；二次设备是指设置在副电路（为保证主电路安全、正常的电路）中的各种设备，一般包括控制开关、继电器、各种测量仪表、指示灯、音响灯光信号设备等。

一个建筑项目中有哪些电气设备，要在建筑电气系统的设计完成后才能确定。在初步设计阶段就要将主要的电气设备都确定下来，并进行招标采购，否则会影响工程进度。其他设备再随着工程进度的要求来确定并采购。

电气设备选型是初步设计阶段的一项重要工作，不仅要考虑技术因素，也要考虑经济因素。设计方经过计算分析确定了电气设备的技术参数要求，然后就要经过广泛的市场调研来确定潜在的生产厂家和相应的设备型号。这个过程要经过大量的调研、分析和比较，工作量比较大。过程中要注意以下几点：

1）选择的设备型号，其性能参数要满足设计需求，同时要留出适当的余量。在设备的生命周期内，适当考虑未来发展的需要。

2）选择的设备型号，应为市场上技术和生产工艺都比较成熟，质量上比较稳定的产品。同时，保证至少有三个厂家能够生产，这样在采购时可以顺利进行招标控制价格。

3）选择的产品之间标准要一致，接口要匹配，也就是说产品要配套。市场上可以提供单体设备，也可以提供成套设备，国内外的标准也很多，所以一定要注意产品的配套、兼容。

4）电气设备有的是业主自行采购，有的是交给承包商来采购，即便是满足同样的标准，同型号的产品经不同的厂家来生产，其质量也有高下之分，这是因为标准不可能非常全面。在这种情况下，对于交给承包商采购的设备，业主也应有相应的质量保证措施。

✔ 6.5.7　导线及电缆的选型及敷设方式

常用导线及电缆的选择，主要是对导线或电缆的材料、外部绝缘材料的类型以及绝缘方式的选择。线缆的型号较多，不再赘述。

导线及电缆在楼宇室内是数量最大的线缆，且常常需要升级、检查、维护，其敷设方式一定要满足美观、易于维护和扩展的要求。线缆明敷不美观，也不安全，通常都需要暗敷。暗敷的方式有以下几种：

1）一是在结构构件内，如楼板、墙、柱内暗埋套管，线缆穿管布设。如果管线量大，可以专门设计结构管线层、沟、廊或井道，专门放置管线。另一种暗埋的方式是在建筑装饰层内暗埋套管，来布设线缆。

2）布设于吊顶内，吊顶内设置线槽桥架，线缆放置于线槽内。

3）布设于地面上，可采用架空地板的方式，架空地板的高度可根据需要来设置。这种方式适用于线缆量比较大，且需要频繁检修维护的功能空间，如机房、开敞式办公空间等，而且这种方式可使室内的功能布置更为灵活。布设于地面上的另一种方式是采用地沟的方式，但布线量和灵活性要差一些。

4）布设于墙面上，需要结合装饰的隔墙来进行设计。

上述的几种方式要结合不同空间的功能需求和实际情况来综合选用。

✔ 6.5.8　照明系统

电气照明系统是现代楼宇不可分割的一部分。普通功能空间，如住宅、办公、公共场所的照明系统，建筑师和电气工程师就能够配合进行设计，但一些特殊的照明，如景观照明、楼宇立面照明以及特殊功能空间如博物馆、剧场、演播室等的照明系统，则需要由专业的照明顾问提出针对性的解决方案，和建筑师、电气工程师配合进行设计。

照明系统是一个发展更新非常快的系统，新的灯具、照明方式、控制方式、设计理念都在不断涌现，传统的照明方式正在向灯光设计的方向发展，灯光不仅仅是照明，而且具有了更广泛的功能，尤其是其艺术化的装饰功能，更是绚丽多彩，本书中讨论的还主要限定在传统的照明系统之内。

照明系统的设计关键是明确照明系统的需求，并提出一个优秀的解决方案，通常包括以下几个部分：

(1) 明确基础设计标准及照明效果的需求

相关规范对住宅、办公、公共场所等各类空间的照度标准提出了建议值，并分为低、中、高三档，到底采用哪一档要明确，否则设计师一般按照中档进行设计。另外，除照度之外，对于灯光要达到的装饰范围、效果，也要有相应的说明。

(2) 照明方式的合理选择

室内照明一般分为一般照明、局部照明和混合照明，室外有泛光照明。实际照明往往是各种照明方式的综合选用，要根据功能需求和现场实际情况，来选择确定合适的照明方式。

(3) 灯具的选型和布置

灯具的选型和布置往往是室内装修的设计范围，如果灯具的选型比较特殊，则需要由专门的灯光顾问来确定，装修设计师按照灯光顾问的意见融入装修设计图中。电气工程师要根据灯具的选型和布置将电源接口布设到位。

(4) 照明的开关和控制

简单的照明往往只需要一个开关接线。但一个复杂的照明系统则会有专门的控制系统，以控制灯光的开、关，光的强度、色彩等。控制系统一般由弱电工程师来设计，电气工程师要与弱电工程师配合进行接口设计。

(5) 照明机房和照明线路的布设，相关电气设备和线缆选择

这是电气工程师的传统工作范围。照明机房一般和配电机房合用。

照明系统的质量控制应从以上几个方面来进行，最关键是要重视

基础设计参数和照明解决方案的审核。

6.6 采暖、通风与空调

保持建筑物内温度适宜，空气清新湿润，是我们对建筑物的基本需求。采暖、空调与通风专业就是为此而产生的。

实际上空气质量包含的内容较多，不仅仅是温度、湿度、新风量，还包括空气流速、有害化学物质的含量、有害菌群的含量等，国家规范《室内空气质量标准》（GB/T 18883—2002）即明确了有关的指标要求，如温度在夏季空调的情况下，应为 22～28℃，在冬季采暖的情况下为 16～24℃；湿度在夏季空调情况下为 40%～80%，冬季采暖情况下为 30%～60%；新风量的要求是每人每小时不少于 $30m^3$，其余可参看该规范。以上标准为推荐标准，每个项目可根据项目的具体情况来制定适合自己项目的标准，作为设计的依据。

方案设计阶段，按照深度规定的要求，须对暖通空调专业的基础设计参数、冷热源的选择及各系统的概念设计进行说明。在初步设计阶段，将确定暖通空调系统的基础设计参数、技术方案和系统设计、空调设备的选型、空调机房的位置和布置、空调管线的选型和布置、空调系统的控制方式等。空调系统的主要技术问题在初步设计阶段都要确定下来。

6.6.1 概念及基础设计参数

1. 室外空气计算参数

包括夏季空调室外计算干球温度、冬季空调室外计算干球温度、夏季空调室外计算湿球温度、冬季空调室外计算相对湿度等。可以依据相关空调设计规范而定，由于设计具有地域性，还要依据当地具体情况而定。设计规范是按照全年少数时间不保证室内温湿度标准而制定的，若室内温湿度须全年保证时，应另行研究确定室外空气设计计算参数。

2. 室内设计参数要求

要依据使用功能对舒适性的要求、地域条件、经济条件和节能要求等因素综合来确定。室内设计参数包括冬季的室内温度和相对湿度、夏季的室内温度和相对湿度、新风量标准、噪声标准等。国标《室内空气质量标准》（GB/T 1883—2002）对室内空气的标准提出了具体的要求，见表6-13。

表6-13　空气质量标准值

参数	单位	标准值	备注
温度	℃	22~28	夏季空调
		16~24	冬季采暖
相对湿度	%	40~80	夏季空调
		30~60	冬季采暖
空气流速	m/s	0.3	夏季空调
		0.2	冬季采暖
新风量	m³/h	30	

新风量要求不小于标准值。除温湿度外，其他参数要求不大于标准值。温度和湿度采用标准值，如有设计精度要求时，按 ±℃、±% 表示幅度。

国标《民用建筑采暖通风与空气调节设计规范》（GB 50736—2012）对于舒适性空调，提出了更高的标准，见表6-14。

表6-14　人员长期逗留区域空调室内设计参数

类别	热舒适度等级	温度/℃	相对湿度（%）	风速/（m/s）
供热工况	Ⅰ级	22~24	≥30	≤0.2
	Ⅱ级	18~22	—	≤0.2
供冷工况	Ⅰ级	24~26	40~60	≤0.25
	Ⅱ级	26~28	≤70	≤0.3

注：1. Ⅰ级热舒适较高，Ⅱ级热舒适一般。

2. 热舒适度等级按规范第3.0.4条确定。

项目在确定室内设计参数要求时，可在满足规范的基础上，适当提高标准考虑。

室内设计参数要求针对不同功能分类的房间，逐类列出该类房间的设计参数具体要求。

3. 通风量

通风量一般用每小时的换气次数来衡量。在自然通风的状态下，空气是自然流动的，以达到通风的效果。而在封闭的空调区域内，空气的流动则必须通过机械通风来实现。通过送风和排风的调控，来实现空气的流动。当空气流动起来以后，才能够实现对空气的调节。所以，对于空调系统要提出通风量的要求。

《民用建筑采暖通风与空气调节设计规范》（GB 50736—2012）第3.0.6条规定了公共建筑主要房间的最小新风量要求，见表6-15，这是强制要求，必须满足。同时，对于设置新风系统的居住建筑和医院建筑，所需最小新风量宜按换气次数法确定，并明确了每小时换气次数的具体要求。

表6-15　公共建筑主要房间每人所需最小新风量 $[m^3/(h·人)]$

建筑房间类型	办公室	客房	大堂、四季厅
新风量	30	30	10

空调系统设计目标是保证空气的质量，所以设计师必须统一考虑通风量、新风量、室内的具体热负荷情况等因素，通过综合计算来确定。

4. 采暖热负荷

供暖热负荷就是指在采暖季节里，为了维持建筑物内的温度达到采暖设计所要求的标准时，在单位时间内由散热设备提供的热量。热负荷是根据房间热平衡原理计算出来的。热负荷的计算要考虑到各种热量耗散的因素；如围护结构的散热、门窗的散热、管道的散热、通风的散热等，也要考虑到室内获得的热量，如热备的散热、热物料的散热等。

180

5. 空调冷、热负荷

为保持空调房间内恒定的空气温度，由空调系统在某一时刻从室内除去的热流量称为空调房间的冷负荷。空调房间的冷负荷应包括围护结构传入室内的热量，人体散热、散湿，照明和设备散热等，空调房间的冷负荷是确定空调送风系统风量和空调设备容量的依据。而空调系统的冷负荷要包括室内负荷、新风负荷、其他设备散热量等。空调系统的冷负荷是确定空调制冷设备容量的依据。在计算空调负荷时，必须考虑围护结构吸热、蓄热和放热的过程，不同性质的得热量所形成的室内逐时冷负荷是不同步的，必须按不同性质的得热量分别计算，然后取逐时冷负荷分量之和。目前，常采用的空调冷负荷的计算方法有冷负荷系数法和谐波反应法等。

空调热负荷是指空调系统在冬季里，当室外空气温度在设计温度条件时，为保持室内的设计温度，系统向房间提供的热量。

6.6.2 采暖、通风系统的技术方案及系统设计

1. 采暖

采暖是为了保证冬天的室内温度，我们采取的供热方式。空调系统也可以满足采暖的需求，但投资较大，维护费用也较高，所以目前普通的民用建筑，如住宅、中低档的办公楼、普通的公用建筑中，仍然采用传统的热水采暖方式。采用何种供暖方式，也是业主需求的一部分。

在初步设计阶段，采暖系统的设计必须确定热源和机房的布置，管线、供热末端的选型和布置等内容。采暖系统在现代高层建筑中运用较少，故仅作简单介绍。

(1) 热源

目前来说，供热方式一般分为两类：一类是市政统一供暖，这是目前城市中主要的热源供给方式；另一类是没有市政供暖的条件下，项目自己设置锅炉房来烧制热水，或者每户自己独立供暖。

在市政供暖的条件下，一个住宅小区或一栋公共建筑，作为一个项目必须设置热交换站制备二次热水来供暖。这是因为市政热水，也

称为一次水，是一个封闭有压力的水循环系统，水温也较高，不能直接给住户供暖，项目自建热交换站，建立二次水系统，二次水系统也是一个封闭的循环系统，二次水系统和一次水系统在热交换站通过热交换来制备热水，然后进入各家各户。

如果项目自建锅炉房的情况下，只需要一个水循环系统就够了，制备的热水直接入户。现在很多小区采取分户独立供暖的方式，每户自己设置燃气炉或电炉来供暖，也供给生活用热水，可满足随时供热的要求，使用起来很方便。

不管是一次水系统，还是二次水系统，均需要采用循环水泵机械加压的方式来保证水系统的循环，利用冷热水密度不同的自然循环系统只适用于小型的系统。

(2) 采暖系统的管材

多采用镀锌钢管，其管线的连接方式要依据项目的需求、技术系统的组成、计量及管理的模式等多种因素来确定，此处不再赘述。

(3) 供热末端的选型和布置

供热末端常见的有散热器，即我们俗称的暖气片，还有采用辐射采暖的地暖、热风采暖的热风机等。供热末端的选择要考虑经济、美观、实用的因素来综合选定。

2. 通风系统

通风的目的是保障空气的流动，只有空气流动起来了，才能实现我们对空气质量的调节。传统的通风方式是自然通风，打开窗户，让空气流通，新鲜的空气进来，污浊的空气排出，实现空气的交换。自然通风是利用室内外空气的密度差、温度差而形成的自然流动，以及风压和热压的作用来实现空气的流通。传统的民用建筑非常重视自然通风的设计，因为自然通风对保证室内人员的舒适度非常重要，而且以前也缺乏其他的通风手段。要实现良好的自然通风却并不容易，需要综合考虑建筑的位置和朝向、开窗的位置和大小、建筑室内的布局、建筑周围的环境、自然的气候条件等因素。

现代的建筑师更倾向于将通风的任务交给机电工程师来解决，将建筑设计成一个封闭的系统，采用机械通风的方式来解决通风问题。

这样确实有很多好处，可以实现对通风效果的主动控制，可以全面通风，也可以局部通风，通过控制进风和排风，还可以实现室内的正压和负压，满足某些特殊空间的需要。同时，也使得建筑设计具有了更大的灵活性和自由度。其缺点是建设投资大，使用过程中比较耗能。

现在的人们更倾向于采用自然通风与机械通风相结合的方式。自然通风已不同于以前开门、开窗通风，而是综合利用室内外条件来实现。如根据建筑周围环境、建筑布局、建筑构造、太阳辐射、气候、室内热源等来组织和诱导自然通风。在建筑构造上，通过中庭、双层幕墙、风塔、门窗、屋顶等构件的优化设计，来实现良好的自然通风效果。必要时要采用计算机模拟分析的手段来辅助设计。风和水一样，无色无形，最难以把控，做好通风设计比较难，不仅要认真，设计人员要有一定的设计经验，还要充分利用现代的计算机技术来辅助设计，才有可能做好。

在现代建筑设计中，通风系统和空调系统密不可分，通风系统也是空调系统的组成部分。选用何种通风方式，是项目管理者在初步设计阶段要考虑的重要问题之一，要将通风、空调、项目的需求、节能等各种因素统一考虑，编制通风和空调的总体方案。在总体方案的基础上再展开设计工作。

✅ 6.6.3 空调系统的概念和基本架构

《民用建筑采暖通风与空气调节设计规范》（GB 50736—2012）第7.1条规定，符合下列条件之一者，应设置空气调节：

1）采用采暖通风达不到人体舒适、设备等对室内环境的要求，或条件不允许、不经济时。

2）采用供暖通风达不到工艺对室内温度、湿度、洁净度等要求时。

3）对提高工作效率和经济效益有显著作用时。

4）对身体健康有利，或对促进康复有效果时。

仅仅采用采暖通风时，多数情况下达不到人体舒适标准和热湿环境要求，采用空调系统必然会提高室内的空气质量，但要多花钱。是否采用空调系统关键就要看业主肯不肯花这笔钱来改善室内空气的质量，技术问题倒是其次。

现代建筑设计中，空调系统已成为一个常规的系统。但即使空调系统本身，从技术到价格也存在多种选择，如何设置空调系统，也需要项目管理者认真研究，制定通风与空调系统的总体方案。这是初步设计阶段的一项重要工作。

通风与空调系统的总体方案要考虑业主的需求、技术、节能、维护、造价与施工可行性等因素综合来确定。具体来说，要包括以下几方面内容：

1. 室内设计参数是基础

分类确定不同区域、不同空间的空调需求，包括温度、湿度、通风量、洁净度、是否保持正压或负压、是否采用自然通风、新风量、噪声标准，这项工作要做得细一些，多下些功夫，后面的设计才会避免反复。

2. 针对空调的室内设计参数要求，确定处理的技术方案

(1) 对于温度

空调系统一般采用热水或冷水作为媒介，通过空气和水的热量交换，来达到加热或冷却空气的目的。

(2) 对于湿度

通过对空气加湿和除湿来实现。

(3) 对于通风量

通过排风和送风来保证室内空气的换气次数来实现。

(4) 对于洁净度

通过对室外空气进入室内的时候进行过滤的方式来实现。

(5) 对于保持室内正压或负压

洁净度较高的房间，会要求室内空气正压，以避免室外空气进来；存在粉尘或污浊空气的房间，会要求室内空气负压，让室外的空气进来。通过保持正压和负压的方法来调节室内进风和排风的比例。

(6) 对于自然通风

我们的经验是，在空调房间里待得久了，都会让人感到不舒服，

空调环境并不能完全取代自然环境。开窗亲近自然，进行自然通风，不仅环保节能，而且能够增加人的舒适度，促进健康。但现在的自然通风已不仅仅是开窗通风那么简单，而是一项综合的技术，需要将建筑设计和机电设计综合在一起来解决。

(7) 对于新风量

封闭的空调环境内，仅仅对室内的空气进行反复循环处理，无法满足人的舒适度要求，必须引入室外新鲜空气，新风量是对引入室外新鲜空气数量的要求。规范要求不小于 $30m^3$ 每人每小时，实际工程项目中应适当提高。引入新风须建立新风系统，由风机及风管等配件构成。

(8) 噪声标准

如果空气流动速度过快，就会产生噪声，风机等空调机械运行的时候也会产生噪声，必须控制噪声到人能够接受的标准，控制的方法包括调整空调系统的设计或进行消音处理等。

上面讲述的是解决问题的方法和思路，便于读者理解。但上述方法不应被理解为唯一的方法，应是目前现代建筑设计中常规的使用最多的方法。

3. 常用的空调系统

空调系统将上述的方法和思路综合在一起来解决空气调节的问题。目前，常用的空调系统主要有以下三类：

(1) 集中式空调系统（或称为全空气系统）

全空气系统又分为定分量（CAV）系统和变风量（VAV）系统。全空气定风量系统适用于空间较大，人员较多，温湿度容许波动范围小，噪声和洁净度要求较高的区域，各空气调节区室内设计参数不需要做经常性的、较大的调整。变风量系统则是适用于室内参数需要分别控制和调整的空调区域，与定风量系统相比，变风量系统须采用可调节的变风量末端，以及变频风机。

其特点是将所有的空气处理设备，包括风机、冷却器、加热器、加湿器、过滤器等都设置并封闭在一个空调箱里，并集中放置在空调机房里。图 6-11 所示是一个典型的空调箱示意图。

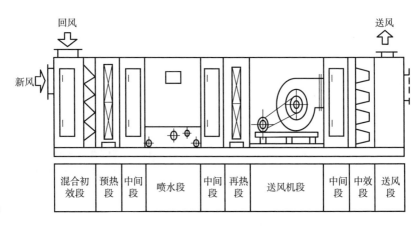

图 6-11 典型的空调箱示意图

这种方式是将室外的新风吸入到空调箱里，经过各种处理以后，出来的便是我们所要求的有适宜温度、湿度、清新宜人的空气，然后通过送风管道，输送到各个房间里。集中空调系统是一种全空气的系统，目前主要采用的是定风量的系统。

这种方式可以集中处理大量的空气，服务的面积大，空气处理的效果也比较好，适用于对空气质量要求较高、空气处理量大的建筑空间，如洁净车间、演播室、大堂等。但问题是空调机房和风管要占用大量的建筑空间，造价相比较而言也是最高的。

(2) 半集中式空调系统（或称为风机盘管系统）

适用于室内参数需要分别控制和调整的空调区域，相对于全空气变风量系统，其造价低很多，对建筑空间的占用也较少。但空气处理的质量不如全空气变风量系统。风机盘管系统需设置独立的新风系统。

为了改善集中式空调造价高、占用空间大的缺点，半集中式空调系统产生了，这种方式不用再建设集中的空调机房，也不需要巨大的风管，而是将空气处理的过程集中在每个房间里进行。这种方式以风机盘管空调系统为代表，图 6-12 所示为风机盘管系统的工作过程。

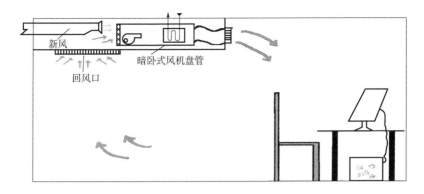

图6-12   风机盘管系统工作过程示意图

半集中式空调系统实际上包含了以下两个部分：

1）第一部分是需要将室外的新风送入到房间里去，如果要求不高的话，可以从窗户或外墙开洞直接引入新风，如果要求较高的话，应建立独立的新风系统，从室外引入新风后，进行过滤净化等简单处理后，用风管输入到各个房间去，当然这时的风管比集中式空调系统要小很多。

2）第二部分是风机盘管系统，风机盘管系统的作用是调节空气的温度和除湿，但不能加湿。调节温度的原理是利用空气和冷热水的热量交换，所以风机盘管需根据需要供应热水或冷水。从这个角度来说，半集中式空调系统虽然节省了风管，冷热水管的用量却大量增加了，但相比集中空调的风管占用的空间要少得多。所以，半集中式空调系统又称为风机盘管及独立新风系统。

风机盘管系统的优点是布置灵活，节省建筑空间，各房间可独立地通过风量、水量（或水温）的调节，改变室内的温湿度。而且每个房间可以独立控制，管理方便，而且省费用。缺点是空气处理量小，处理效果不如集中式系统。总体来说，风机盘管系统在公共建筑中的使用还是非常广泛的。

需要注意以下几点内容：

1）不管是集中式空调系统，还是半集中式空调系统，都是采用水作为媒介，与空气进行热量交换后，对空气进行加热或冷却。所以首先必须有冷热水的来源，热水往往来源于市政热水或自建的锅炉房，当然首选是市政热水；冷水则须由项目自制，一般是项目自建制冷机房，冷机通过消耗电能来制备冷水。冷热水通过管道输送到建筑内部。

在说到冷热源的时候，别忘了我们还有新风系统，从室外来的新鲜空气，在特殊情况下，也可以作为冷热源的补充，由于我们的需求往往是多样化的，在夏天也可能需要供热，在冬天也可能需要供冷，在这种情况下就可以使用新风系统来供给，在过渡季节，如在春夏之交、秋冬之交，室外空气可以为我们的空调系统提供更多的能量补充。也有的项目采用地热来作为能源。

热水和冷水从热站和冷站制备好以后，必须用水管从机房输送到空调机房或风机盘管处，水管的布置有以下几种方式：

①两管制。两根管一供一回，在夏季供应冷水，冬季供应热水，但若在过渡季节，同时需要供应热水和冷水的情况下，则难以满足要求。

②三管制。冷热水共用回水管，可以实现同时供应热水和冷水，但有冷热混合热量损失。

③四管制。冷热水的供水与回水完全分开，随时可以供冷或供热，缺点是投资大，管道占用建筑空间多。

2）我们应该注意到，集中式或半集中式空调系统，都有一个回风的问题，若是没有回风的话，空气从进风口进入，又全部从排风口排出，就构成了一个直流系统，这样处理的新风量大，效果好，但非常耗能；另外一个极端是封闭性的系统，没有新风，只对室内的空气进行反复的处理，这样空气的质量难以满足要求，但最节能。

现实的情况是两种方式必须进行折中，既要节能，又需要保证足够的新风量，在这种情况下，就产生了一种混合系统，就产生了回风的问题。室内的空气并不是全部排出室外，而是排出一部分，另一部分空气直接回到了进风口，和新风一起，又回到了室内，这就称为回风。通过配置新风和回风的比例，就可以达到节能与满足新风需求的平衡。

(3) 分散式空调系统

这种空调系统实质上就是小型的独立空调机组。这种机组可以采用水冷式，像集中空调系统或半集中空调系统一样，工作原理是一样的，但规模要小很多，同样需要冷热水源和水系统，所以即便是分散式空调系统，要采用水冷式，也需要达到一定的规模才经济划算。所以，分散式空调很少采用水冷式，一般都采用风冷式。

我们家用的空调器就是一个风冷式的分散式空调系统。这种机组采用冷媒来作为制冷剂，一般由室内机和室外机构成，也称为 VRV 空调系统。

这种空调系统体积小，节省空间，布置方便，使用灵活，但缺点是空气处理量小，空气处理质量也不如其他系统。

上面讲述了空调系统的三种形式，这是最基本的概念。实际上，空调系统非常复杂，在所有的机电系统中可以说是难度最大的。无色无形的空气是难以驾驭和控制的，不仅仅在于机电设备本身，还在于设备的智能控制。

在建筑中，我们总是希望能够实现自动控制，通过温度传感器、压力传感器、CO_2 浓度传感器等来自动控制设备的起停和运转，不仅有助于节能，而且可以创造稳定而舒适的工作生活环境。变风量空调系统便是实现上述功能的技术。变风量系统又称为 VAV 系统，是相对于传统的定风量（CAV）系统来说的，是根据室内负荷的变化或温度设定值的改变，自动调节空调系统的送风量，使室内温度达到设定要求的全空气空调系统。

VAV 系统一般由变风量末端装置（VAV Box）、集中空气处理机组（AHU）、送回风管路及其控制系统构成。它与传统的定风量全空气系统相比，其不同主要在于增加了变风量末端装置（VAV Box），集中空气处理采用变频风机，其控制系统也更加智能复杂。VAV 系统的优势是节能，比 CAV 系统可节能 20% ~ 30%，各个房间可单独控制温度，空气品质好，缺点是初始投资较高，控制复杂，调试难度大。VAV 系统目前一般用在大空间、大容量的空调场所，或者对空调舒适度要求较高的场所。

目前，建筑设计中采用的空调系统基本上是这三类系统。这三类空调系统的空气处理质量，以全空气系统最好，风机盘管系统次之，而造价也是全空气系统最高，风机盘管系统次之。分散式空调系统在这两方面都是最低的。

6.6.4 空调系统的设计与运营策略

上面讲述了空调系统的概念和基本系统，在空调系统的选择上，项目管理者还要考虑自己的设计和运营策略。设计和运营策略的核心目的还是在满足需求的前提下节能降耗，提高空调系统的运营效率。设计和运营策略可从以下几个方面入手掌握：

1）尽可能采用自然通风，有的项目建筑平面复杂，存在内外区之分，只有外区才能开窗，见到阳光，要采用自然通风，内区则采用机械通风。

2）要根据空调负荷逐时的变化，制定空调运行的合理策略。这是由于在每年的冬季、夏季以及过渡季节，空调的需求是非常不同的，而且即使在一天之内，空调的需求也有显著的变化，根据需求的变化来制定空调的使用和控制策略，这对于节能降耗是非常重要的。空调的使用和控制策略反过来又会影响空调系统的设计。

3）从空调的冷热源的选择来看，空调的冷源往往是项目自己通过制冷机来制备冷水，制冷机的电能消耗很大。

由于目前国内许多地区实行峰谷电价政策，峰谷电价比可达到4倍以上，这样从长远的角度来看，利用低谷时的低价电将电能转化为冷量，也就是将水转化为冰，在电价高峰时刻，再利用空气和冰的热量交换来达到冷却空气的目的，这样可以降低项目的运营成本。这样就需要建设一个冰蓄冷系统，需要一个大水池及相关的管道设备。是否要建立一个冰蓄冷系统，需要项目做建设及运营的价值分析后确定。

空调的热源以采用市政热源为宜，可有效降低建设及运营成本，但市政热源有供暖季，有设备检修期，有因其他因素来停止供暖的时候，如果项目的需求是全天候供暖，则必须考虑自建锅炉房。

对于反季节的供冷或供热，如冬天供冷、夏天供热，以及在过渡季节的供冷供热，则可以考虑采用室外冷、热空气，方法是利用新风系统来提供冷热源，那么在新风系统的设计上，则不仅仅是满足最小新风量的要求，必须考虑到有足够的容量。

4）在可行的条件下，选择低温送风空调系统。低温送风空调系统与常规空调系统相比送风温度低，送风温差加大，降低了输送管道和空气处理设备的体积以及送风机能耗等。冰蓄冷系统可以方便地得到低温冷冻水，因此冰蓄冷与低温送风空调相结合是最佳组合，可达到节能、经济的目的。常规空调的送风温度是 12～16℃，而低温送风的温度可达 5℃ 以下，但需对末端风口、水管阀门和所有风管采取防止结露措施。

5）设计理念的选择上：技术系统总是存在各种各样的选择，业主如何选择和组合它们，不仅涉及需求，也需考虑设计理念。如有的业主非常重视环保节能，有的只要求舒适，有的只想省钱，有的还长远考虑到空调系统的管理、使用和维护的便利及节能等，不同的设计理念会导致在技术系统的选择上完全不同。设计理念其实就是业主的设计指导思想，业主要把这种思想，作为一种设计需求明确传递给设计方，而在空调系统的具体设计上表达出来。

6）空调的设计上，必须有明确的设计思路，这种思路既要体现业主的设计理念，也要满足设计需求和规范。具体来说，提出以下几点建议：

①在空调系统的分区设计上，负荷特性差异较大的房间或区域应分别设置空调系统，否则很难协调。

②在冷源的设计上，冷机的选型不能过大，否则会造成长时间部分负荷工况运行，不仅浪费设备资源，也不利于节能。建议在冷机的选型上，大小搭配，夏季可以采用大机型，而在过渡季节，则采用小机型。

③在水系统的设计上，要合理选择冷却和冷冻水泵的扬程，过大的扬程只会增加能耗，增加系统控制的难度。

④在风系统的选择上，风道的布局要合理，尽量要短，要考虑远端和近端的阻力平衡；新风系统不仅要满足新风量的要求，还要满足过渡季节新风量需求。

⑤在室内气流的组织上，要审慎地分析，合理布置送风和回风，

不合理的布置不仅达不到空调效果，还会造成副作用。

6.6.5 空调设备的选型

集中式空调系统主要包括冷热源、冷热媒管道、空气处理设备（各类空调器）、送风管道和风口等。

半集中式空调系统主要包括风机盘管机组、新风系统和水系统三部分。新风系统由空气处理设备和送风管道组成。而水系统则包括冷热水的来源、冷热水的输送管道。

分散式空调系统则是小型的独立空调系统，它可以是风冷式的，也可以是水冷式的，它可以是窗式的，也可以是柜式的，需要的机房较小，或者不需要机房，直接放置在空调房间内。目前，家用空调基本都是此类。此类空调形式很多，但在大型公共建筑中使用较少，不在本书讨论的范围之内。

对于空调设备的选型，首先须通过计算分析确定设备的技术需求，然后要了解市场上可选设备的详细情况，最后选用技术和造价综合最优的产品。对于集中式或半集中式空调系统，其设备主要包括几下几种：

1. 制冷机组

这是空调设备中最主要的设备，其选型应注意以下几点：

1）对大型集中空调系统的冷源，宜选用结构紧凑、占地面积小及压缩机、电动机、蒸发器、冷凝器及自控组件都组装在同一框架上的冷水机组。对小型全空气调节系统，宜采用蒸发式压缩冷凝机组，虽然初期投资较高，但节水、节电效果明显。

2）对有合适热源特别是有余热或废热等场所或电力缺乏的场所，宜采用吸收式冷水机组。

3）制冷机组可采用不同类型、不同容量的机组搭配的组合式方案，以节约能耗。机组之间要考虑其互为备用和切换使用的可能性。并联运行的机组中至少应选择一台自动化程度较高、调节性能较好、能保证部分负荷下高效运行的机组。选择活塞式冷水机组时，宜优先选用多机头自动联控的冷水机组。

4) 选择电力驱动的冷水机组时，当单机空调制冷量 $\phi > 1163\mathrm{kW}$ 时，宜选用离心式；$\phi = 582 \sim 1163\mathrm{kW}$ 时，宜选用离心式或螺杆式；$\phi < 582\mathrm{kW}$ 时，宜选用活塞式。

5) 电力驱动的制冷机的制冷系数比吸收式制冷机的热力系数高，前者为后者的 2 倍以上。能耗由低到高的顺序为离心式、螺杆式、活塞式、吸收式。但各类机组各有其特点，应用其所长。

6) 选择制冷机时应考虑其对环境的污染：一是噪声与振动，要满足周围环境的要求；二是制冷剂 CFCs 对大气臭氧层的危害程度和产生温室效应的大小。在防止 CFCs 污染方面，吸收式制冷机有着明显的优势。

7) 无专用机房位置或空调改造加装工程可考虑选用模块式冷水机组。

8) 尽可能选用国产机组。我国制冷设备产业近十年得到了飞速发展，绝大多数的产品性能都已接近国际先进水准，特别是中小型冷水机组，完全可以和进口产品媲美，且价格上有着无可比拟的优势。因此，在同等条件下，应优先选用国产冷水机组。

2. 组合式空调器（箱）

集中空调系统需要设置组合式空调器（箱），将空气进行集中处理后，再输送到各空调房间去。空调器（箱）一般分层分区布置，便于物业管理和节能。组合式空调机组的特点是以功能段为组合单元，用户可根据空气调节和空气处理的需要，任选所需各段进行自由排列组合，有极大的自由度和灵活性。考虑到运行和检修方便、气流均匀等因素，应适当设置中间段。选型时必须注意以下几点：

1) 设计须明确组合式空调器（箱）所需功能段的组合示意图。示意图上应注明所选机组型号、规格、段号、功能段长度、排列先后次序以及左右式方位等基本要求。

2) 组合式空调机组的操作面规定为：送、回风机有传动带的一侧；袋式过滤器能装卸过滤袋的一侧；自动卷绕式过滤器设有控制箱的一侧；冷（热）媒进、出口的一侧，有排水管一侧；喷水室（段）喷水管接水管的一侧。当人面对机组操作时，气流向右吹为右式，反之则为左式，选型订货时需说明所需机组的左右式。

3）选用表冷器、加热器和消声器前，必须设置过滤器（段），以保护换热器和消声器表面清洁度，防止堵塞孔、缝，并应设置中间段。

4）喷水段、表冷段等，除已有排水管接至空调机组之外，还应考虑排水的水封装置。

5）选用喷水室（段）时，应说明几级几排。

6）选用表冷器、加热器（段）时，应注明形式和排数，使用的冷（热）媒性质、温度和压力等。机组用蒸汽供热时，空气温升不小于20℃；以热水加热时，空气温升不小于15℃。

7）选用干蒸汽加湿器需要说明加湿量、供汽压力和控制方法（手动、电动或气动）。

8）选用风机段要说明风机的型号、规格、安装形式、出风口位置，风机段前应设置中间段，保证气流均匀。新风机组的空气焓降应不小于34kJ/kg。

9）注明各风口接口的位置、方向和尺寸，送、回风阀的形式、规格，采用的控制方式（手动、电动或气动）。风机出口应有柔性短管，风机底座应有减振装置。

10）需要留出观察孔以及仪表安装孔位置和个数、风机供电的引线位置走向。

11）机组的基础应高于室内地平面，基础四周应设有排水沟或地漏，以便排除冷凝水和放空设备底部存水。

12）机组四周或机组与机组（多台时）布置时应留出足够的操作和检修空间。

13）考虑到机组防腐性能，箱体材料最好选用镀锌钢板、玻璃钢或特殊铝合金。对于黑色金属制作的构件表面应作防腐处理；对于玻璃钢箱体应采用氧指数不小于30的阻燃树脂制作。

14）明确漏风率标准。

3. 风机盘管

风机盘管是半集中式空调系统最常用的空调末端产品，其选型步骤如下：

1）明确所选用机组的形式、规格、风口位置等要求。

在选用风机盘管制冷机组时，是把设计预热负荷与机组显热负荷相匹配。在大多数情况下，盘管有足够的潜热容量，可满足设计需要。如使用室外空气则相应修整其负荷及计算公式。对于制热来说，通常按制冷选用的机组，供暖能力是足够的，回热量是按照水流量相同时来选定的。即用进水温度来满足室内所需加热负荷，然后再确定机组规格、水量、所需水温及压降等参数。

2）明确所选用机组的接水管左出或右出方向（与管道布置等有关）。

3）明确风机电动机轴承是否采用含油或不含油轴承。使用中要按规定定期加油。

4）注意出水的保温措施，以免夏季使用时产生凝露，污损室内建筑物。

5）冬季通热水，水温一般不超过60℃，可减少结垢，以免影响传热同时减轻冷热交替作用使胀管胀紧力减弱。

6）机组盘管最高处设置放气阀。

其余辅助设备的选型从略。

✅ 6.6.6 空调机房的位置和布置

空调系统相关的机房包括制冷机房（或称为冷冻站）、空调机房、排风机房等。制冷机房是放置制冷机组的机房，而空调机房则是集中放置空调设备的机房。机房的室内布置要满足设备安装、运行和检修的需要。而机房在建筑内的位置则要考虑多种因素综合来确定。

1. 制冷机房

制冷机房主要布置制冷机组及与之相配套的冷冻和冷却水泵，其特点是重量大，运行时的振动、噪声很大，通常布置在建筑的底层或地下室。制冷机房要有消声隔振措施，室内地面要防水做法，有排水措施。机房地面和屋顶都必须有足够的承载力，要进行专门的结构设计验算。机房内应设置送排风设备，以便排除预热，补充新鲜空气，地下机房应设置事故排风。机房内应设置人工照明，在仪表及操作台周围要有足够的照度。冷水机组的基础应高出机房地面 150 ~ 200mm。制冷机房，包括与制冷机配套的冷冻、冷却水泵的制冷机房面积，一般按每 1.163MW 冷负荷 100m² 估算，占总建筑面积的 0.6% ~ 0.9%。

机房的净高应能保证机组和连接管道的安装和吊装高度，采用冷水机组的制冷机房的最小净高不应小于 3.2m，并随建筑面积的增加而增加。为了便于操作和检修，制冷机房中冷水机组的四周应有足够的空间。蒸发器和冷凝器的一端或两端应根据机组设计要求留出足够的拔管长度空间。主要通道和操作走道的宽度要大于 1.5m，机组的凸出部位与配电盘之间的距离大于 1.5m，与墙壁的净距不小于 1m，机组侧面凸出部分之间的距离大于 0.8m。

制冷机房通常布置在建筑的底层或地下室，如果有裙房，应尽量布置在裙房。其相邻的房间应是对消声隔振要求不高的场所。制冷机房是建筑的用电大户，其位置应尽量靠近负荷中心，与低压配电间邻近，且最好设置在电梯附近，便于运输。

2. 空调机房

空调机房的面积占总建筑面积的比例，对于集中式空调系统为 3% ~ 7%，对于风机盘管加新风系统为 2.5% ~ 4%，而且随着总建筑面积的增加比例会降低。空调机房的层高为 4 ~ 6.5m，面积越大，层高越大。

空调机房内集中放置空气处理设备及风机等，其室内布置要满足设备的布置、检修、维护和更换的要求。要考虑有足够的承载力，要有消声隔振措施，室内地面宜有防水做法和排水措施等。

空调机房一般分层和分区来设置，以满足空调分层或分区供给空调的需要。由于空调机房的服务范围不应穿越防火分区，所以大中型建筑应在每个防火分区内设置空调机房，最好位于防火分区的中心部位，有利于风道的布置和减小风道尺寸。

各层的空调机房尽量布置在同一垂直位置，并应靠近管道井，这样可缩短冷热水管道的长度，减少与其他管道的交叉。同时，空调机房的布置还要考虑减少送风管道的长度，便于与冷水水管连接并引入新风。

3. 排风机房

塔楼的排风机房一般布置在屋顶层。如果放置在地下室，应靠近与室外相邻的地方，并要注意室外排风口的周围环境和风向。

6.6.7 空调管线及末端风口的选型和布置

空调系统相关的管线包括冷热水管和风管。冷热水管一般采用镀锌钢管，需要进行保温处理。而风管主要采用镀锌钢板和无机玻璃钢制作，这两种风管各有优缺点，目前主要采用的还是镀锌钢板风管外加玻璃棉保温的风管形式，无机玻璃钢风管可在防火要求较高、漏风率要求较高的场合采用。至于土建制作的砖风道或混凝土风道，通常质量不佳，漏风严重，而很少采用。

空调风管通常截面较大，一般采用矩形，风管的断面尺寸须根据风量和风速计算确定。民用建筑中空调管道宜采取的风速范围是主风道5~8m/s，支风道3~5m/s。

空调风道的布置要考虑运行调节的灵活性和便于阻力平衡。要尽量减少管道的长度，避免复杂的局部管件和减少不必要的分支管，以便节省材料和减小空气的流动阻力。如果一个空调箱要负责多个楼层的空调送风，则空调竖向主风道通常设置在管道井里。管道井宜设置在建筑物每个防火分区的中心部位，且靠近空调机房。主风道在每个楼层又分为支风道。

对于集中空调系统，其空调末端是出风口，对于半集中空调系统，则是风机盘管机组。风口不仅仅是通风配件，也是装饰配件，要美观实用。

风口的布置是空调系统中须加以重点关注的另一个方面，风口布置不当，不仅不能达到空调效果，甚至有反作用。风口的选择和布置对室内的气流组织影响很大。影响室内气流组织的因素主要有送风口的位置和形式、回风口位置、房间的几何形状和送风射流参数等，其中送风口的位置、形式和送风射流参数影响最大，要通过这几种因素的合理配置，来达到理想的送风效果。常见的气流组织方式有以下几种：

1. 侧送风方式

常用的方式之一，工作区在回流区，但即使侧送风，其风口布置也有多种方式，如一侧送，一侧回；双侧上送，双侧下回；中侧送，下回，上排等，要研究后根据房间的需要选用合理的方式。

2. 喷口送风方式

这是适用于高大空间的一种送风方式，由高速喷口（一般为圆形）送出的射流带动室内空气进行强烈混合的侧送方式，室内形成强大的回旋气流，工作区一般是回流区。这种方式具有射程远、系统简单、投资较少的特点。

3. 顶部送风方式

这也是常用方式之一，一般有上送上回、上送下回等方式。

4. 下部送风方式

可采用地板架空送风，也可采用下部低速侧送，一般采用下送上回的方式。影剧院、体育馆的座椅下或椅背送风，也属于下送风的应用方式之一。

为了改善通风效果，静压箱也是一种常用的技术。静压箱其实就是扩大了尺寸的一节风道，其尺寸需要通过设计来确定。其位置可根据需要放置在风道末端、设备出入口、多支风管汇合或分支处等，静压箱实质就是一个空腔，可由任何材料制成，如镀锌钢板、结构墙体等均可，但要求是需要密封，满足漏风率要求，内壁需有消声和保温的材料贴附。静压箱是送风系统减少动压、增加静压、稳定气流和减少气流振动的一种必要的配件，它可使送风效果更加理想。静压箱的作用如下：

1）可以把部分动压变为静压使风吹得更远。

2）可以降低噪声。

3）风量均匀分配。

4）还有万能接头的作用。

把静压箱很好地应用到通风系统中，可提高通风系统的综合性能。

✓ 6.6.8 空调系统的控制

空调系统通常都采用末端控制，每个空调房间都会有一个空调末端的模块，可以实现温度和风量的调节。

空调系统也可以纳入建筑物管理系统进行远端控制，采用变频制冷机组和变频风机，配合变风量末端（VAV），可以实现空气的自动调节。

6.6.9　建筑防烟排烟

建筑防烟排烟是消防要求，相关消防规范有明确要求。防烟和排烟是两个概念，并不是所有的建筑内部区域都要设置防烟排烟设施，对于哪些区域要设置防烟设施，哪些区域要设置排烟设施，相关消防规范有明确要求，如果规范要求不明确，消防部门会提出相应的要求。

防烟设施设置在防烟分区之间，具体措施包括防烟墙、挡烟垂壁或挡烟梁等。防烟分区是对防火分区的细分，防烟分区不应跨越防火分区。

排烟也有两种方式：一种是自然排烟，通过可开启的外窗或排烟口来排烟；另一种是机械排烟，可采用在房间内设置风机直接进行排烟，或利用排烟风机将若干个防烟分区内的烟气通过风道集中排至室外。

6.7　给水排水

给水排水系统的设计内容，相对来说较多，也比较琐碎，包括给水系统、排水系统、热水系统、空调水系统、消防水系统、中水系统、直饮水系统、景观给水排水系统等。但其设计比较成熟，技术难度较低，新技术较少，对于给水排水系统的设计质量控制相对也容易一些。

不管任何的水系统，基本上来说都是由水源设备、输水管道、用水端设备组成，不同的水系统，其设备和管道的选择不同。给水排水系统的设计质量的控制重点也是在初步设计阶段，在方案阶段主要是概念性的方案陈述，给水排水系统设计在初步设计阶段才真正开始，将决定系统设计的一些关键技术问题，包括基础设计参数的选择、技术方案的确定、给水排水设备的选型、机房的位置和布置等，我们控制设计质量的重点也在上述的几个方面。而在施工图设计阶段，则主要是一些实施的细节设计，具体可参照设计深度规定的要求。以下我们所要讨论的也主要是初步设计阶段的几个主要问题。

6.7.1 概念及设计参数

确定给水排水基础设计参数的依据有两个：一是项目本身的需求；二是市政条件的可行性。根据项目需求确定的需求条件必须获得市政部门的审核批准，才能真正成为设计的基础参数。

1. 对于给水系统来说

（1）从水源来说

应明确市政供水干管的方位、接管管径及根数、能提供的水压。

（2）从用水量来说

要明确生产用水定额及用水量、生产用水量、其他项目用水定额及用水量（含循环冷却水系统补水量、游泳池和中水系统补水量、洗衣房用水、锅炉房用水、水景用水、道路浇洒、汽车库和停车场地面冲洗、绿化浇洒和未预见用水量及管网漏失水量等）、消防用水量标准及一次灭火用水量、总用水量（最高日用水量、平均时用水量、最大时用水量）等。

2. 对于排水系统来说

（1）从排水条件来说

须说明排水管道的断面尺寸、坡度、排入点的标高、位置或检查井的编号。

（2）从排水量来说

要说明生产或生活排水系统的排水量，雨水排水的暴雨强度、重现期、雨水排水量等。

上述的给水排水基础参数是给水排水系统设计的基础，其确定的过程并不简单，需要经过认真而细致的统计、计算、分析，更要与市政部门充分沟通协商后才能够确定下来。这也是控制给水排水专业设计质量的一个重要方面，必须充分重视。

3. 对于中水系统来说

为了降低用水量，节约用水，市政部门通常会要求项目采用循环水利用系统，常用的是中水系统，有时也会根据情况采用雨水利用系统，但并不强制要求。

中水系统则需要确定系统的设计依据、水质要求、设计参数、绘制水量平衡图等。雨水利用系统要确定雨水用途、水质要求、设计重现期、日降雨量、日可用雨水量等基础参数。

6.7.2 技术方案的选择原则

在明确了基础设计参数的基础上，我们就可以来考虑根据项目的需求来制定合理的给水排水技术方案。上文已经提到过，所有的给水排水系统都是类似的，都是由水的来源、输水管线及用水端组成，但不同的系统用水的需求各有不同，造成这三个组成部分的设备及管线选择各不相同。用水需求及其应对方案如下：

1. 可靠性需求

简单来说，就是用水的时候必须有水可用，而且水量要够，其应对的方法有以下几种：

1）从水源来说，宜有两路或更多路的水源同时能够供水。

2）供水管网要合理布置，形成环状的管网是最可靠的布置方式。

3）设置水箱或水池，储备一部分水，也可提高供水的可靠性。

4）设备要可靠，如消防系统的水泵就需要采取一用一备的方式。

以上四种方案都在广泛使用。

2. 水质需求

常规的自来水系统，其水质可以满足日常生活的需要，但不可以直接饮用。

1）直饮水系统需要对市政供水进行净化处理后再输送到各饮水点。

2）热水系统为了防止水垢对设备的损害，需要对供水进行软化处理。

3）中水系统需要对优质杂排水进行处理达到一定水质标准后才能够使用。

4）废水和污水需要经过处理，达到一定水质标准后，才能够排入市政排水系统。

不同的水质要求，采用的处理方法不同，导致造价不同，可根据项目的需求选用。

3. 水量需求

水量需求分为两种：一种是总量需求，另一种是单位时间内的最大用水量。对于设计来说，必须要考虑两者的平衡，来决定给水管线和给水设备的设计能力。满足水量的需求要考虑以下几方面：

1）市政水源的供给能力。

2）给水设备和管线的设计给水能力。

3）设置水箱和水池来缓解高峰供水的需求，也可降低给水设备和管线的设计容量，节约投资。

4）采取加压给水的方式，通过提高水流速度来提高供水能力。

以上四个方面的因素必须要统筹考虑来进行给水设计。

对于排水来说，设计理念又不一样，排水系统的设计必须无条件满足排水量的需求，不管是废水、污水，还是雨水，都应及时排走。排水系统一般都采用重力式自排水，管线要有合理的坡度和管径。有些排水点标高较低（如位于地下室），则需要用排水泵把水提升起来再排走。对于雨水排水，为了加快排水速度，减小管径，可根据需要采用虹吸式排水口来排水。

4. 水压需求

对于不同的给水排水系统，对于水压的要求是不一样的，水压可以促进水系统的循环流动，消防水系统还要求有较高的出水压力等。加压的方法一般有两种：一是利用重力，将水提升到高处水箱，利用水的势能来形成水压；二是利用水泵来直接加压。

5. 水温需求

热水系统有水温要求，对水进行加热的方式有两种：一种是直接加热的方法，用煤、燃气、油料、太阳能、电能等来加热；另一种是热交换法，通过与市政热水、市政蒸汽或地热经过热量交换来制备热水。

✅ 6.7.3 各水系统的概念及技术方案

1. 室内外给水系统

给水系统将市政自来水输送到各用水点去，对于高层建筑来说，必须采用竖向分区供水，以避免管道压力过大。

一个较为全面的供水系统包括室外引水管网、储水池、水泵、室内供水管网、分区供水水箱、阀门、用水末端等，同时要设置给水机房，放置给水水泵、水箱及水池等给水设备。给水机房和水池一般都设置在地下室。

高层建筑分区供水时，地上也需要分区设置给水机房，以放置水泵和分区水箱，一般放在设备层或避难层里。所以给水系统的技术方案应包括给水机房及水池的设计、分区供水方案、水泵和水箱等主要设备的选型等。

2. 排水系统

人们在生产生活中，必然要产生废水及污水。污染程度较轻的，称为废水，如洗脸、洗手、洗澡、洗衣、洗碗产生的废水；污染程度较重的，称为污水，主要是指大小便冲水。如果雨雪水采用内排水的话，建筑内部还会有雨雪水管道，雨雪水属于一种特殊的废水。

如果污水和废水分别建立管道系统来排放，则称为分流制排放；如果共用管道系统合起来排放，则称为合流制排放。但雨雪水一般是独立排放的。

是采用分流还是合流，实质上受到市政排水系统的影响。若市政排水只有雨水管道，则废水和污水应采用分流制，生活废水直接排入雨水管道，而污水则必须先排入化粪池进行处理后，再排入雨水管道。若市政排水不仅有雨水管道，还有单独设置的污水管道，设置污水管道的目的在于收集污水进行集中处理以改善城市环境。在这种情况下，废水及污水可以合流，一起排入市政污水管道以进行集中处理；也可以分流，废水排入雨水管道，污水排入市政污水管道，采用分流还是合流，要看市政污水的处理能力来定。

如果建筑物采用中水系统，则废水和污水宜分流，优先采用废水来制备中水。

污水在排入市政管网之前，应进行一些处理，处理的措施主要有采用化粪池和隔油池。

化粪池一般位于室外相对隐蔽的地方，距建筑物的距离不小于

5m，是埋在地下的一个小型构筑物，利用沉淀和发酵的原理，将污水中的粪便、有机物等固体颗粒初步去除，沉淀的污泥由市政部门定期清掏外运。虽然化粪池结构简单，处理方便，但往往有恶臭且污染环境，目前有些项目取消化粪池，改用其他措施来替代。

隔油池是专门针对含油脂较多的污水，公共食堂或饭馆排出的污水应设置隔油池进行处理，以清除油污，避免阻塞管道。

要对废水和污水进行排放，毫无疑问需要各类卫生器具，并建立排水管网，接入到市政管网，这部分内容不再赘述。但需要说明的是，高层建筑设有地下室，其地面标高往往低于市政排水管网的标高，在这种情况下，地下室需设置积水坑，将污废水收集起来后，用泵输送到市政管网去。

雨水排水系统是建筑另一个重要的排水系统，固然要做好防水处理，但排水同样重要，如果排水不畅，防水做得再好，仍然是有可能漏水的。雨水的排放应采取有组织的集中排放的方式，屋顶的雨水应通过放坡、水沟等方式汇集到雨水口处，通过雨水管排放到地面，而不能漫流到地面。如果屋面较大或形状比较复杂的话，雨水常常需要通过设置在室内的雨水管先引下来，再排出室外，这种方式称为内排水。

不管是废水、污水，还是雨水，一般都采用重力式排水。

确定排水系统的技术方案首先要确定污水和废水是合流制排放还是分流制排放，污水要经过化粪池处理后才能够排入市政排水管线，废水可以直接排入市政管网，也可以接入中水系统，经过处理后再使用。

室内排水系统主要包括卫生器具、排水管道系统、通气管道系统、清通设备、抽升设备、室外排水管道及污水局部处理构筑物（如化粪池、隔油池等）。通气管道系统的出口一般在屋顶，作用是排除管道中的气体，保证排水畅通，排水系统一般采用重力式排水，水平管道须保证一定的坡度，以便排水畅通。高层建筑排水系统的特点是排水立管长，排水量大，立管内气压波动较为频繁，排水立管的排气能力对于保证排水通畅非常重要，仅在排水立管最高处开口排气的方式很难满足要求，须设置专用的排气管道系统。

3. 空调水系统

空调系统需要冷水及热水，与空气进行热量交换后，达到对空气进行加热或降温的调节效果。由于热水系统是单列的系统，所以此处的空调水系统主要是指冷水系统。

空调水系统又分为冷冻水系统和冷却水系统，如此划分是与制冷机组的工作原理和工作方式相关的。制冷机组目的是制备冷水，制备好的冷水即称为冷冻水，冷冻水通过管网输送到建筑内部的空调箱或风机盘管处，来对空气进行降温处理。制冷机组在制备冷水的过程中，必然要释放出热量，这部分热量由另一个水系统来带走，这个系统的水被制冷机组释放的热量加热后，通过管网循环到室外的冷却塔，在冷却塔进行冷却后，再回流到制冷机组，构成了一个封闭的循环水系统，这个水系统就称为冷却水系统。

空调水系统按照提供冷热水方式的不同，又分为双管制、三管制和四管制的系统。双管制一供一回，冷热水都利用同一套管网，夏天供冷水，冬天供热水，在过渡季节进行切换，但若同时需要供冷又供热的情况则无法满足。三管制可实现同时供冷和供热，冷热水共用回水管，冷热水混合会造成热量损失。四管制则完全可以实现同时供冷供热，互不影响，但初始投资大，管线多。

空调水系统的管线必须进行保温处理，以避免热量损失和结露。

4. 消防水系统

主要包括消火栓给水系统、自动喷水灭火系统等，消防水系统相比于生产生活给水系统，虽然都是市政自来水，但其供水的可靠性、水量、出水压力的需求都要高很多，须满足相关消防设计规范和消防局的要求，通过消防设计审核是消防水系统设计质量控制的标准。

消防灭火的物质有多种，如干粉、惰性气体等，但最主要的还是水。根据相关规定，低于24m的建筑为低层建筑，高于24m为高层建筑，超过100m的建筑为超高层建筑，绝大部分的低层建筑和所有的高层建筑内部都需要设置消防给水系统。

消防水系统的设计要求集中体现在以下三点：

1）供水的可靠性，设备一用一备是最基本的要求，水源至少要有两路，室内室外管网都要布置成环形，且室外管网至少有两处供水给室内管网，屋顶的消防水箱最好设计成一用一备。

2）消防水量要足够，因为消防扑救的特点是短时间内大量用水，直接从市政供水管网里抽水肯定是不够的，因而必须有其他措施，具体有：一是设置消防水箱，设置在设备层或屋顶；二是设置消防水池，设置在地下室。不管是消防水箱，还是消防水池，其储水量应满足一次消防扑救的总用水量，相关规范有明确要求。

3）消防水是高压水，所谓高压是针对生活给水系统来说的，也是消防扑救的需要，具体压力的大小要根据计算来确定。给水加压的方法有多种：如果建筑不高，可以采用市政管网的压力；第二种方法是采用高位水箱自然产生的水压；第三种方法是采用加压水泵，高层建筑中最常采用的还是水泵加压的方法。

消防水系统再进行细分的话，又可以分为不同的系统，如消火栓系统、自动喷水灭火系统、水炮系统等，不同的系统适用于不同的功能区域，下面分系统进行简单介绍。

(1) 消火栓系统

这是建筑中最常用的一个系统，绝大部分建筑都要设置消火栓系统，在各类建筑内，我们最常看到的，标志也非常醒目的便是消火栓，均匀分布在建筑的各处，消火栓内有水龙带，还有消防水接口，一旦发生火灾，可以从就近的消火栓接水灭火。

消火栓的水龙带应能覆盖室内的各处。消火栓水系统与生活及生产给水系统性质类似，但消火栓系统的给水可靠性要求高，短时水量要求大。消防水必须有两路水源，在室外建立环形的管网，同时在室外也要设置消防水的接驳口，室内也应建立环形的管网，室内和室外的管网应至少有两条管路相通。如果市政给水不能满足要求，需要设置消防水池，储存足够的消防用水。

消防水从水池出来后，通过消防水泵输送到消防水箱和消防管网，如果建筑高度高于50m，应进行分区供水。消防水通过消防管网输送到各消火栓处。消防水是有压水，对于低层建筑，消火栓水枪充实水柱的长度不应小于7m，对于高层建筑，消火栓水枪充实水柱的长度不应小于10m。

（2）自动喷水灭火系统

消火栓系统需要人工操作来灭火，但现代楼宇必须要有自动喷水灭火的设备，在第一时间即可以对火灾进行扑救。自动喷水灭火系统即是达成这一目标的系统。自动喷水灭火系统必须与火灾报警系统联用，当火灾探测器探测到火灾后，即发出火灾报警信号，经过确认后，即自动起动火灾发生区域的自动喷水灭火系统，进行扑救。但并不是所有的建筑，或者建筑内部的所有区域都要设置自动喷水灭火系统，至于自动喷水灭火系统的设置范围，在相关消防规范中有明确的要求，具体可参见相关建筑设计防火规范。从规范要求来看，设置自动喷水灭火系统的范围还是相当广泛的。自动喷水灭火系统的供水部分和消火栓系统可以共用，不过末端的装置不同。

自动喷水灭火系统涉及的概念及分类见表6-16。

表6-16　自动喷水灭火系统的概念及分类

分类	概念及共性	子分类	特点及组成	适用场合
闭式	采用闭式洒水喷头，一般室内房间多采用闭式喷头。闭式的阀门平常是闭合的，但是阀门前后都有水，当火灾发生时，高温使得闭式喷头玻璃泡破裂，水喷出来的同时阀门检测到后部水压降低，从而给报警系统发出警告信号，报警系统联动起动消防泵供水。闭式的可靠性不高，喷头受到外力也有可能破碎，造成误喷放，所以设置在一些对水不敏感的部位	湿式系统	由闭式喷头、管道系统、湿式报警阀、报警装置和供水设施等组成。由于该系统在报警阀的前后管道内始终充满着压力水，故称湿式喷水灭火系统或湿管系统。火灾发生时，在火场温度的作用下，闭式喷头的感温元件温升达到预定的动作温度范围时，喷头开启，喷水灭火。水在管路中流动后，打开湿式阀瓣，水经过延时器后通向水力警铃的通道，水流中水力警铃发出声响报警信号，与此同时，水力警铃前的压力开关信号及装在配水管始端上的水流指示器信号传送至报警控制器控制室，经判断确认火警后起动消防水泵向管网加压供水，达到持续自动喷水灭火的目的。湿式喷水灭火系统具有结构简单、施工和管理维护方便、使用可靠、灭火速度快、控火效率高等优点	由于其管路在喷头中始终充满水，所以应用受环境温度的限制，适合安装在室内温度不低于4℃，且不高于70℃能用水灭火的建（构）筑物内

分类	概念及共性	子分类	特点及组成	适用场合
闭式		干式系统	由闭式喷头、管道系统、干式报警阀、报警装置、充气设备、排气设备和供水设备等组成。其管路和喷头内平时没有水，只处于充气状态，故称为干式系统或干管系统。干式喷水灭火系统的主要特点是在报警阀后管路内无水，不怕冻结，不怕环境温度高。干式喷水灭火系统与湿式喷水灭火系统相比，因增加一套充气设备，且要求管网内的气压要经常保持在一定范围内，因此管理比较复杂，投资较大。在喷水灭火速度上不如湿式系统来得快	适用于环境温度低于4℃和高于70℃的建筑物和场所
		预作用系统	预作用系统是将火灾自动探测报警技术和自动喷水灭火系统有机地结合起来，对保护对象起了双重保护作用。预作用系统由闭式喷头、管道系统、雨淋阀、火灾探测器、报警控制装置、充气设备、控制组件和供水设施部件组成。这种系统平时呈干式，有不充气和充满低压气体两种情况，在火灾发生时能实现对火灾的初期报警，并立刻使管网充水将系统转变为湿式。系统的这种转变过程包含着预备动作的功能，故称为预作用喷水灭火系统。这种系统有早期报警装置，能在喷头动作之前及时报警，以便及早组织扑救。充气的预作用系统可以配合自动监测装置发现系统中是否有渗漏现象，以提高系统的安全可靠性	预作用系统适用于高级宾馆、重要办公楼、大型商场等不允许因误喷而造成水渍损失的建筑物内，也适用于干式系统适用的场所

分类	概念及共性	子分类	特点及组成	适用场合
开式	采用开式洒水喷头，厂房、舞台等大空间的喷头多是开式的。开式喷水系统的阀门部分和喷头部分都不同，阀门部分是电动或者手动，当火灾发生时火灾报警系统报警，并联动控制装置电动起动阀门，或者人工手动起动阀门，使得阀门开启，主管道的水通过阀门到达喷头处喷出进行灭火	又称为雨淋喷水灭火系统，包括水幕系统	雨淋灭火系统是由火灾探测系统、开式喷头、传动装置、喷水管网、雨淋阀等组成。发生火灾时，系统管道内给水是通过火灾探测系统控制雨淋阀来实现的，并设有手动开启阀门装置。发生火灾时，探测器起动，并向控制箱发出报警信号。报警箱接到信号后，经过确认，发出指令，打开雨淋阀，使整个保护区内的开式喷头喷水冷却或灭火；同时，压力开关和水力警铃以声光警报作反馈指示 雨淋喷水灭火系统采用开式喷头。只要雨淋阀起动后，就可以在保护区内迅速地、大面积地喷水灭火，因此降温和灭火效果均十分显著；但其自动控制部分需有很高的可靠性，不允许误动作或不动作	适用于厂房、舞台等大空间

（3）水炮系统

消防水炮是近年来发展起来的消防灭火技术，主用适用于民用建筑的室内大空间消防设计，当大空间的高度超过自动喷水灭火系统的适用高度后，即可以考虑采用消防水炮系统。消防水炮系统根据喷射距离的远近，可分为大、中、小三种，小炮的射程为 0~20m，中炮的射程为 0~60m，大炮为 0~100m，民用建筑常用的为中炮和小炮。

室内的消防水炮一般均设计为自动控制模式，可自动移动，瞄准火源，准确将水喷射到着火点。当然，自动消防炮也具有手动控制的功能。消防水炮系统由走查型探测器（感知部）、消防炮（喷水部）、中心操作台/本地操作台（操作部）、消防炮控制箱（控制部）、系统监视控制箱（信号接收部）等组成。

（4）气体、泡沫、干粉灭火系统

虽然水是常用的灭火介质，但在某些特殊的场合，不宜用水来灭火，就需要采用其他的介质，如气体、泡沫、干粉等。这些介质虽然

第 6 章 设计文件的质量管理——概念及技术方案

不是水，但与消防水的作用相同，且难以归入其他专业的范畴，所以气体、泡沫及干粉灭火系统也纳入给水排水专业一并设计。

气体灭火主要适用于一些重要的机房、文献档案室等不宜用水灭火的场所，使用的气体主要是二氧化碳，其次有卤代烷、IG-541（氮气、氩气和二氧化碳以一定的比例混合而成的气体）等，其中二氧化碳使用范围最广，价格也最低，其使用范围仅次于水喷淋系统。其灭火原理为通过降低防护区内的氧气浓度，使其不能维持燃烧，而达到灭火的目的。气体灭火系统和火灾自动报警系统联动，当报警系统收到火灾报警的时候，就会发出一个信号给气体灭火系统的控制盘，控制盘收到信号后，就会发出指令起动气体钢瓶顶部的电磁阀打开阀门，使气体释放到防护区域内。所以，气体灭火系统必然要增加一个钢瓶间，来专门储存灭火气体的钢瓶。

泡沫灭火系统主要用来对可燃和易燃液体进行灭火，是通过机械作用将泡沫灭火剂、水与空气充分混合并产生泡沫实施灭火的系统。灭火原理是通过产生的泡沫覆盖并淹没燃烧的液体，使其冷却并隔绝空气，使火焰窒息而达到灭火的目的。泡沫的产生有两种方式，即化学方式及机械方式。目前，主要采用的为通过机械装置使泡沫剂与空气混合的方式来产生。空气泡沫液按发泡倍数的不同，分为低倍数（20倍以下）、中倍数（21~200倍）和高倍数（201~1000倍）三类，适用于不同的情况。泡沫灭火系统由水源、泡沫消防泵、泡沫液储罐、泡沫比例混合器、泡沫产生器、阀门、管道及其他附件构成。

干粉灭火系统是指由干粉供应源通过输送管道连接到固定的喷嘴上，通过喷嘴喷放干粉的灭火系统。通过化学抑制和物理灭火共同作用下实施灭火。其特点是历时短，效率高，绝缘好，灭火后损失小，不怕冻等。适用于易燃、可燃液体燃料及可熔化固体的火灾。目前，干粉灭火系统在楼宇中的使用主要是手持式干粉灭火器，用于局部应急灭火，大规模使用较少。

5. 热水系统

不管是住宅，还是公共建筑，都需要热水系统。人们需要热水的目的是多样的，如采暖、洗浴等，有些情况下还需要蒸汽。

（1）热源

热源的供应也有多种方式，依据供热点的多少和供热区域的大小来进行选择。

对于用水点很少的情况，如家庭、食堂等，热源就是普通的炉灶、燃气热水器、电热水器、太阳能热水器等，设备简单，使用方便，造价低廉。

如果是一栋或多栋建筑，则可以建立一个集中供暖系统，集中设置锅炉房，热水的加热、输送的动力、储备都在锅炉房中，通过管网输送热水到建筑各处。这种方式节省建筑面积、热效率高、有助于集中管理，但初始投资大。

对于更大规模的热水供应，如一个城市，一个或多个建筑群，则需要由市政建立区域供热系统来统一解决，这也是目前在城市中的公共建筑所采用的方式。

（2）加热方式

热水的加热方式有两种：一种是直接加热，加热后的热水直接输送到用水点，这种方式在家庭中采用较多，或自建锅炉房的项目可以采用直接加热的方式；另一种方式是间接加热，即通过热交换的方式来加热，若采用市政热源的话，多采用间接加热的方式。原因在于市政供热为了保证供热的效率和稳定性，一般采用高压高温热水或蒸汽来供热，要求自身是一个封闭的系统，不容许用户直接使用，采取间接加热的方式有利于保证市政供热系统的稳定性。

在大型的公共建筑中，主要采用的是间接加热的方式，并采用市政高温热水或蒸汽作为热源。系统的大致情况是：市政的高温热水首先进入项目的热力站，经过计量后，可接入为采暖服务的水—水热交换器，为采暖提供热水，也可接入为供应热水的水—水热交换器，为建筑提供热水。

市政高温热水称为一次热水，而经过热交换后的热水称为二次热水，一次热水和二次热水分别是两个相互独立、相互隔绝的水系统。一次热水的管线称为一次线，而二次热水的管线称为二次线。二次水在输送过程中，如果建筑的高度较高，为了降低设备和管网的承压程度，须在建筑的中间楼层设置断压装置，并须进行二次热交换。

（3）蒸汽

蒸汽相对于热水使用较少，主要服务于一些特殊的目的，如为空调加湿、洗衣、通过汽—水交换器来制备热水等。其系统情况大致是：市政蒸汽首先进入项目热力站后，经集中减温并计量后进入分气缸，从分气缸再进行分配，经分配后的蒸汽经减压后再输送到各用气点。

综上所述，一个项目进行热水系统设计时，首先须确定热源，是采用电热水器，还是燃气热水器，或太阳能，或自建锅炉房，或采用市政热源。如果采用市政热源，须建立热交换站，建立二次供热管线，管线须采取保温措施，输送到各用水点。

6. 直饮水系统

市政供应的自来水，由于水质问题，往往是不能直接饮用的。直饮水系统是在给水系统的基础上，增加一套水净化设备。如果用水点较少的话，则可以局部增加净化设备。如果用水点较多，则可以集中设置净化机房，然后建立供水管网，将净化后的直饮水输送到各用水点。直饮水系统对供水管网的质量要求较高，宜采用不锈钢管，满足饮水卫生的要求。

7. 中水系统

所谓中水，就是将废水经过一定处理后得到的水。这种处理的程度要低于饮用水，但也须达到一定的水质要求，处理后得到的中水不可食用，仅用于冲厕、绿化用水、洗车、建筑施工、消防用水、空调用水等。

建设中水系统的目的是出于环保节水的考虑。每个项目在规划设计阶段，须向用水管理部门申报节水方案，管理部门会提出中水的用水指标，即每日不低于多少立方米。项目可以自建一套中水处理系统，也可以向市政中水公司购买中水，许多项目选择后者，但须缴纳相应的配套建设费用。

中水系统的建设需包括三部分：一是优质杂排水的收集系统，包括雨水、洗浴用水等，这个系统可以与排水系统合用；二是建立中水处理机房，集中对收集到的优质杂排水进行净化处理，达到中水的水质要求；三是建立中水的配送系统，将制备好的中水输送到各用水点。

8. 景观给水排水设计

景观的给水排水设计是一项比较专业的设计，不同植物对水的适应性不同，要求灌溉方式、排水方式均有所区别，有时还要涉及水景的设计、水的循环利用等，所以景观给水排水设计应由园林景观顾问来进行，或者由园林景观顾问提出专门的需求，由给水排水专业来进行设计。

9. 其他用水系统

如厨房、洗衣房、游泳池等，其给水排水系统也有其特殊性，需要有专业的顾问来进行设计，或提出专业的需求，由给水排水专业来设计。

✅ 6.7.4　给水排水设备和管线的选型

给水排水设备和管线设计在机电各系统设计中较为简单，主要包括水箱、水池、水泵、水管等，不再赘述。

∣ 6.8　管线综合 ∣

管线综合历来是建筑工程设计中的难点、重点，也是最容易出问题的地方。管线综合不到位，出现的问题就是管线排布混乱，不美观，相互干涉，室内净空高度无法保证，部分区域管线密集，施工困难，使用过程中出了问题，更是难以检修，甚至影响到设计功能的实现。管线综合本身其实并没有什么特别的技术难度，但需要大量细致而具体的工作。项目管理者必须对管线综合给予充分的重视和关注，以保证其设计质量。下面就管线综合相关的问题进行探讨。

✅ 6.8.1　管线综合的人员组织和工作流程

在实际项目实施过程中，管线综合往往交给施工单位来做。机电施工单位在管线施工前，必须要熟悉图纸，明确管线的排布情况，并根据管线的排布来设计管线支吊架，同时要考虑施工方案和施工措施的需要对管线的排布情况进行调整。所以多数情况下在工程施工招标时，将管线综合纳入机电安装的工作范围。

管线综合需要施工单位、设计单位和建设单位的密切配合。建设单位将施工图提交给施工单位，施工单位要组织各专业的技术人员，对图纸进行熟悉，整理，绘制管线综合图。设计单位对管线综合图要进行审核，然后才能付诸实施。综合过程中发现的问题，设计单位和施工单位要密切配合，提出解决的方法。在这个过程中，建设单位的协调和督促非常重要。

✓ 6.8.2 影响管线综合的因素及方法

影响管线综合的因素很多，建筑方案的合理性尤为关键，建筑方案有两项因素对管线综合影响最大：一是层高，二是平面布局。如果这两项因素不合理，后期再怎么综合，效果也不会理想。

层高当然是越高越有利于管线布置，但确定层高必须要考虑技术、造价、美观等诸多因素，不可能很高，关键是要合理。层高是由结构高度（含楼板及梁）、地面做法高度、室内净空高度、室内吊顶层高度组成，管线一般都位于吊顶层内，所以吊顶层高度对管线综合影响最大。确定吊顶层高度要考虑管线最密集区域的高度需求，如公共走廊、通道等，预先排布一下来确定合理的高度，甚至可以局部降低公共走廊、通道的净空高度要求来达到平衡。

平面布局主要是核心筒的布置，因为机电竖向主干管线一般都位于核心筒内，竖向管线在各楼层再用水平支管分散到各处，如果核心筒不位于平面的中心位置，势必造成水平支管的长度较长，增加水平管线的数量及尺寸，造成管线布置的困难，所以在方案设计阶段，就要合理进行平面布局、确定层高，为管线的布置留出合理的空间。

进行管线综合，是一个复杂的专业间协作的过程，建筑、结构、机电各专业都应参与。其过程是，施工单位熟悉各专业的施工图，对各专业图纸进行自审及优化，然后绘制机电管线综合平衡图。平面图绘制过程中各专业要不断地讨论、沟通、会审，根据需要再绘制典型及关键的管线综合平面图、剖面图及节点图，最后要提交给设计方审核批准后，正式交付施工安装。

在管线综合过程中，采用 AutoCAD 辅助设计绘图是非常必要的。更先进的是 BIM（Building Information Model）建筑信息模型技术，BIM技术是通过数字信息仿真模拟建筑物所具有的真实信息，它集成了建筑工程各种相关项目的工程数据，既包括三维几何形状信息，也包括非几何形状信息，如建筑构件的材料、重量、价格、进度和施工等。它为建筑师、机电工程师、造价师、开发商乃至最终用户等各环节人员提供模拟及分析，而进行管线综合只是 BIM 技术的众多功能之一。BIM 技术确实好，功能强大、直观、可靠，对工程项目的设计、施工乃至后期使用都很多好处，但也需要一定的投入。是否采用 BIM 技术、如何实施是值得业主来考虑的一件事情。

✅ 6.8.3　管线综合的原则

机电管线分为室外和室内两个部分，这两个部分的排布方式是完全不同的。

室外管线一般多采用地下敷设或架空的方式。地下敷设最合理的方式是采用共同沟将管线集中布设，这样管线的安装、更换、检修、保护都是最为合理方便的，但由于目前给水、排水、电力、供热、燃气、电信都分属于不同的市政部门，各自为政，还有各种技术上的困难，导致共同沟的方式往往难以实现。但对于一个项目红线范围内的小市政，项目管理者可以尽量采用管线共同沟的方式来布设管线，这样对项目最为有利。

上述简单讨论了室外管线综合的问题，室外管线综合主要是市政问题，而非建筑设计问题，室内管线综合是我们要讨论的重点。

室内管线综合主要有以下几种管线：

（1）给水管道

包括生产、生活给水，消防给水等，一般为镀锌钢管，属于有压管。

（2）排水管道

包括生产、生活污水，生产、生活废水，屋面雨水，其他杂排水等，一般为铸铁管、PVC 管，属于重力流管。

（3）热力管道

包括采暖、热水供应及空调处理中所需的蒸汽或热水等，一般为镀锌钢管，为有压管，需保温。

（4）冷水管

空调空气处理中所需的冷冻水管及冷却水管，一般为镀锌钢管，为有压管，需保温。

（5）空气管道

包括通风工程、空调系统中的各类风管，在所有的管线中尺寸最大。

（6）强电及弱电线缆

强电线缆是指供配电电缆，弱电线缆是指光缆、铜芯双绞线信息电缆等。强电及弱电线缆须放置在线槽内或穿管布置。线槽的尺寸依据线缆的多少来设计，强电及弱电线槽分开设置，以避免干扰，也方便管理。

上面列明了室内管线的分类，如何对上述管线进行综合呢？我们应遵循以下几个原则：

1）先安排空气管道，因为空气管道尺寸最大，只有在空气管道能够合理安排的前提下，才能安排其他管线，否则必须调整空气管线的尺寸或平面布置。

2）对其余管道来说，小管要避让大管，因小管造价低且易安装。

3）压力管道避让重力自流管道，因为重力自流管道有坡度要求，不能随意抬高或降低。

4）金属管避让非金属管，因为金属管较易弯曲、切割和连接。

5）给水管避让热水管，因为热水管需要保温，造价较高。

6）给水管避让排水管，因为排水管多为重力流管，有坡度要求，且管内污物易堵塞，应直接排到室外。

7）热水管避让冷冻水管，因为冷冻水管管径往往较大，宜短而直，有利于工艺及造价。

8）附件少的管道避让附件多的管道，可弯曲管避让不可弯曲管。

9）强弱电电缆桥架与输送液体的管线宜分开布置或布置在其上方。液体管线分层布置时，由上而下按蒸汽、热水、给水、排水管线顺序排列。

各种管线在同一处布置时，应尽可能做到呈直线、相互平行、不交错，还要考虑预留施工安装、维修更换的操作空间，设置支柱、吊架的空间等。

✔ 6.8.4　管线综合的成果及审核

管线综合的成果是管线综合图，包括管线综合的设计说明、管线平面布置图、剖面图及节点详图。

管线综合图应标明所有管线的接口位置，管线的平面位置及走向，管线的型号、种类、数量、截面尺寸、标高、坡度，管线与结构的相对位置关系，管线之间的相对位置关系，室内的净空高度，有关设备如空调机组及吊顶内灯具、装修造型的位置、尺寸，吊顶角钢、龙骨的位置和尺寸，以及施工维修的空间需求等。

对于室外管线综合图，有相应的规范可以遵循，而对于室内管线综合图，却没有相应的规范，在对管线综合图进行审核时，只能依据以下的需求来具体分析判定：满足功能需求；满足室内净空需求；管线排布呈直线、相互平行、不交错，整齐美观；预留施工安装、维修更换的操作空间等。

管线综合过程中，要注意以下几个重点部位：

1. 机房内的管线布置

机房内管道规格较大，且需要与机电设备进行连接。针对各种管线，把能够成排布置的成排布置，并合理安排管道走向，尽量减少管道在机房内的交叉、返弯等现象。在一些管线较多的部位，通过计算制作联合的管道支架，既节省空间，又可以节省材料，把整个机房布置得合理整齐。

2. 管道竖井处

管道竖井是管道较为集中的部位，应提前进行管道综合，否则会使管道布置显得凌乱。对该部位的管道进行分析，根据管道到各个楼层的出口来具体确定管道在竖井内的位置，并在竖井入口处做大样图，标明不同类型的管线的走向、管径、标高、坐标位置。

3. 走廊内等管线分布较为集中的部位

通常走廊内的管道种类繁多，包括通风管道及冷冻水、冷凝水管道、电气桥架及分支管、消防喷洒干管及分支管道、冷热水管道及分支管等，容易产生管道纠集在一起的情况。必须充分考虑各种管道的走向及不同的布置要求，利用有限的空间，集合各个专业技术人员，合理地排布管道并制定这些部位的安装大样图，使各种管道合理布置。

4. 管廊等管线集中且管道走向基本一致的地方

要制定管道的联合支架方案，这样与各种不同管道单独制作管道支吊架相比，既节省了机电辅助材料用量，又使管道布置整齐美观。

6.9 弱电（建筑智能化）工程

弱电系统从字面上来看，是与强电系统区别，因电压较低而得名，又称为建筑智能化系统。其功能主要是用来处理信息的传递与交换。如果说强电系统是血液，那么弱电系统可以说是建筑的神经系统，它使建筑具有了感知、识别、处理等一系列复杂的功能。

弱电系统是由一系列的探测、感应、识别、联动、控制、传输设备和线缆组成，这是它的硬件基础。弱电系统更重要的是它的软件系统，即由软件工程师编制的程序，来指挥众多的硬件共同工作，完成既定的任务。弱电系统是近年来随着现代科技的进步而逐渐发展起来的。

弱电系统通常包括通信网络系统、计算机网络系统、结构化布线系统、有线电视及卫星电视接收系统、公共广播系统、建筑设备管理系统、安全技术防范系统、会议系统、物业运营管理系统、智能化集成系统等。

弱电系统的建设需要一个弱电总承包商来统一进行弱电各系统的深化设计和集成管理。业主依据弱电施工图进行弱电总承包商的招标，技术和造价最优的投标人中标。

弱电承包商招标到位后，将进行弱电深化设计，弱电深化设计应取得设计方及业主聘请的弱电顾问审核批准后，方可进行采购及弱电施工。弱电工程的安装往往在施工后期，但管线的预留预埋却需要配合结构工程的施工同步进行，所以弱电深化设计及施工的进度应考虑与总体施工进度的配合。

6.9.1 总体线路与弱电机房分布

弱电线路对外接口通常包括计算机网络、电话、有线电视等，本节的内容即是要讨论明确弱电与市政的接口位置，在基地内的布设线路，入户的位置，入户后水平和竖向线路的布置，各楼层弱电机房的布置等，这是弱电系统的物理通道，必须要保证畅通，容量满足需求，便于检修和维护，以下分项说明：

1）接口位置要与市政单位协商，选择离入户位置较近、便于在基地内布设、方便施工的市政管道接入井。

2）在基地内的布设要与其他管线共同考虑，尽可能采用管线共同沟，便于检修和维护，线路敷设要沿基地内道路进行，尽可能敷设在便道下。

3）入户位置与入户接入机房。入户机房一般位于地下一层，靠近地下室外墙，便于外线接入。入户位置应从多方面考虑，既方便从室外接入，也方便转接到室内中心机房。

4）水平和竖向的线路。水平线路一般沿楼板水平布置，有多种布置方式：一是穿钢管暗埋在楼板里；二是吊挂在楼板下的线槽里，布置在吊顶里；三是布置在楼板上的架空地板下或地沟里，也需要设置线槽保护线缆。水平线缆一般为支线，而竖向线缆主要是骨干线路，一般布置在核心筒的竖井内，沿竖向线槽布置。

5）各楼层弱电机房的布置。接入机房将信号引入后，输送到中心机房，从中心机房再分配到各楼层或各区域的弱电机房。弱电机房的布置有两个原则：一是要靠近负荷的中心，二是要靠近竖向的核心筒，如果核心筒内面积容许，最好布置在核心筒内。其目的是为了布线和管理更加方便。

6.9.2 结构化布线系统

结构化布线系统，用通俗的话来讲，是为建筑物建设一条高速的、大容量的、通用的数据通道，所有的用户都可以利用结构化布线系统来传输数据，它可以覆盖建筑物的每个角落，并具有足够的传输能力。但目前主要是通信网络系统和计算机网络系统采用结构化布线系统来传输数据，其他系统是否可以采用结构化布线系统，从技术上来说没有问题，但由于安全、管理、造价等其他方面的原因，仍然采用各自的专用控制网络来传输数据。

1. 结构化布线系统的构成

《综合布线系统工程设计规范》（GB/T 50311—2016）明确规定综合布线系统分为三个布线子系统，其结构和构成如图 6-13 和图 6-14 所示。工作区布线为非永久性部分，在工程设计和施工中一般不被列入在内，所以不包括在综合布线系统工程中。如图 6-14 所示。

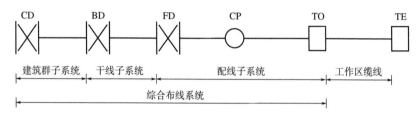

图 6-13　综合布线系统基本结构图

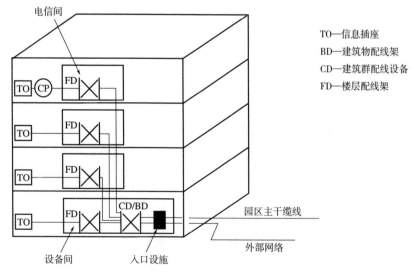

TO—信息插座
BD—建筑物配线架
CD—建筑群配线设备
FD—楼层配线架

图 6-14　综合布线配线设备典型设置

(1) 建筑物主干布线子系统

从建筑物配线架（BD）到楼层配线架（FD）的布线属于建筑物主干布线子系统。该子系统应由设备间至电信间的干线电缆和光缆、安装在设备间的建筑物配线设备（BD）及设备缆线和跳线组成。建筑物干线电缆、光缆应直接端接到有关的楼层配线架，中间不应有转接点或接头。干线子系统是竖向的骨干系统，一般布置在竖井内。

(2) 配线子系统

从楼层配线架到各信息插座的布线属于配线子系统，配线子系统信道的最大长度不应大于90m。该子系统应由工作区的信息插座模块、信息插座模块至电信间配线设备的配线电缆和光缆、电信间的配线设备及设备缆线和跳线等组成。配线子系统是水平系统。

2. 结构化布线系统的质量控制要点

结构化布线系统的设计质量在于以下几个方面：一是布线系统的总体方案结构体系合理，层次明确，电信间和电信竖井位置合理，大小合适，楼层电信间与其引出的最远的电信插座距离不超过90m；二是线缆和配线设备选型合理、可靠，容量满足需求，并根据未来发展有扩容能力，竖向干线系统一般选用光纤，水平配线系统一般选择光纤或者双绞线电缆；三是信息插座的数量足够，位置合理，能够充分满足要求。

(1) 结构化布线系统总体方案

总体方案设计是关键，它直接影响到建筑的智能化水平和通信质量，其内容包括通信网络总体结构、各个布线子系统的组成、系统工作的主要技术指标、通信设备器材与布线部件的选型和配置等。各个布线子系统，包括建筑群子系统、建筑物主干布线子系统和水平布线子系统三部分，其设计内容包括线缆和设备的规格、容量、结构、路由、位置、长度及连接方式等。

电信间主要为楼层安装配线设备（为机柜、机架、机箱等）和楼层计算机网络设备（HUB 或 SW）的场地，并可考虑在该场地设置缆线竖井、等电位接地体、电源插座、UPS 配电箱等设施。在场地面积满足要求的情况下，也可设置建筑物诸如安防、消防、建筑设备监控、无线信号覆盖等系统的布缆线槽和功能模块的安装。如果综合布线系统与弱电系统设备合设于同一场地,从建筑的角度出发,称为弱电间。

电信间的数量应按所服务的楼层范围及工作区面积来确定。如果该层信息点数量不大于 400 个,水平缆线长度在 90m 范围以内,宜设置一个电信间;当超出这一范围时宜设两个或多个电信间;每层的信息点数量较少,且水平缆线长度不大于 90m 的情况下,宜几个楼层合设一个电信间。电信间应与强电间分开设置,电信间内或其紧邻处应设置缆线竖井。电信间的使用面积不应小于 $5m^2$,也可根据工程中配线设备和网络设备的容量进行调整。

(2) 信息插座

信息插座分为两种:一种是与双绞线电缆相配的 RJ45 插座,一种是与光纤相配的插座。一个信息插座要配一个电源插座。确定信息插座数量和位置的理想情况是室内的工作区布置完全确定的情况下,可以很方便而准确地统计出信息点的需求,但实际情况是在弱电系统建设时,室内布置往往没有确定,这时只能采用一种近似的估算方法,按一个单位工作区布置一组信息插座为基础,根据不同性质的使用功能,分别确定单位工作区的面积,在总使用面积已知的情况下,即可以得出总的信息点数,信息点的位置在装修阶段再最终确定。各种使用功能的建筑,其单位工作区的面积建议见表 6-17,同时要考虑业主的需求来确定取值。

表 6-17 单位工作区建议值

建筑物类型及功能	工作区面积/m^2
网管中心、呼叫中心、信息中心等座席较为密集的场地	3 ~ 5
办公区	5 ~ 10
会议、会展	10 ~ 60
商场、生产机房、娱乐场所	20 ~ 60
体育场馆、候机室、公共设施区	20 ~ 100
工业生产区	60 ~ 200

6.9.3 通信网络系统

在通信系统中，我们通常要考虑两方面的内容：一是固定电话系统，二是移动信号覆盖系统。

固定电话系统主要组成部分为服务商信号接入至通信中心，通信中心设置程控模拟或数字电话交换机，然后由通信中心经结构化布线系统至各用户末端，每个末端设置电话接口插座。电话接口插座一般与网络接口插座并排设置。固定电话系统相对比较成熟，其质量控制的关键是容量满足要求，以多少门来表示，且末端电话插座的布置要科学合理，满足要求。

移动信号覆盖系统一般由服务商投资，并进行设计和建设，业主在设计阶段和施工阶段都应要求设计和施工单位予以配合。其设计质量的关键是移动信号全覆盖无死角。

6.9.4 计算机网络系统

计算机网络系统目前主要是基于 TCP/IP 协议族的以太网和英特网，一个项目的网络可以是一个简单的内网，也可以是一个包含了内网、外网、存储等功能的复杂网络，依用户的需求而定。

从建筑空间设计上来说，我们需要网络信号接入机房，然后将信号输送到网络中心机房，网络中心机房放置网络核心服务器、存储服务器、网络管理服务器等核心设备，然后通过结构化布线系统的干线子系统，将网络信号输送到各楼层或各区域的电信间，在电信间设置接入层交换设备，然后通过结构化布线系统的水平配线子系统，将网络信号输送到各末端的信息插座。

从计算机网络本身来说，控制设计质量的关键点有：一是系统的网络拓扑结构；二是网络设备选型；三是网络协议和操作系统；四是网络存储和网络安全。

1. 系统的网络拓扑结构

网络拓扑结构就是网络的系统图，它反映了网络系统的构成及其相互关系，如图 6-15 所示为某个大学的网络系统拓扑结构图，我们以此为例说明网络系统的组成关系。

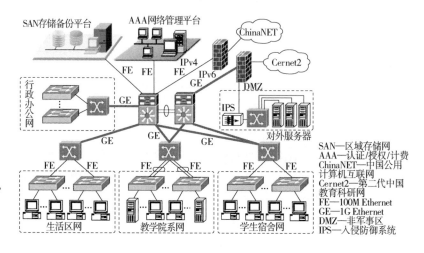

图 6-15　网络系统拓扑结构图

由图 6-15 可知，该网络系统的组成包含以下几方面内容：

(1) 核心网络层

由两台核心服务器组成，一用一备。

(2) 内网

包含了行政办公网、生活区网、教学院系网、学生宿舍网，在核心网络层之外，采用了双层网络结构，即 GE 和 FE。内网采用星形拓扑结构，通过核心服务器统一连接到 Internet。由 ChinaNET 和 Cernet2 提供 Internet 接入服务。

(3) 外网

向普通公众提供相关信息的网络，谁都可以访问。为了保证内网的信息安全，单独设置对外服务器和入侵防御系统，通过 Crenet2 接入 Internet。

(4) 存储备份网

对网络系统的数据进行存储备份，建立数据库系统。

(5) 网络管理平台

对网络的安全、运行情况、权限和资源分配等进行集中的监控和管理。

一个项目进行计算机网络建设，也需要结合项目的功能需要，形成这样的一个层次分明、结构合理的网络系统拓扑结构图，这是网络系统建设的规划和蓝图。

2. 网络设备选型

计算机网络系统的设备主要有服务器、交换机、路由器等，下面分别说明。

(1) 服务器

英文名称为"Server"，是网络环境下为客户提供各种服务的专用计算机，在网络环境中，服务器承担着数据的存储、转发、发布等关键任务，是网络中不可或缺的重要组成部分。服务器的硬件结构由 PC 发展而来，也包括处理器、芯片组、内存、存储系统以及 I/O 设备等部分。但是和普通 PC 相比，服务器硬件中包含着专门的服务器技术，这些专门的技术保证了服务器能够承担更高的负载，具有更高的稳定性和扩展能力，如硬盘的热插拔技术、内存全缓冲技术、磁盘 RAID 技术等。服务器性能指标主要以系统响应速度和作业吞吐量为代表。响应速度是指用户从输入信息到服务器完成任务给出响应的时间，作业吞吐量是指整个服务器在单位时间内完成的任务量。

选择与网络规模相适应的服务器，是有关决策者和技术人员都要考虑的问题。以够用为原则，适当考虑发展需要，选择可靠性好，管理维护方便、经济的服务器。

(2) 交换机

是集线器（Hub）的换代产品，其作用也是将传输介质的线缆汇聚在一起，以实现计算机的连接。集线器工作在第一层物理层，而交换机工作在第二层数据链路层或更高的层。集线器采用的是共享带宽的工作方式，而交换机是独享带宽。

交换机是目前网络连接的主流设备，应用非常广泛，种类也很多，按照其功能特点，可划分为可网管的交换机和傻瓜交换机，可网管的交换机也称智能交换机，自带操作系统，可进行配置和管理；固定端口交换机和模块化可扩展端口交换机。与网络的分层设计相配合，划分为接入层交换机、汇聚层交换机及核心层交换机，核心层交换机都是可网管的模块化高端交换机。按网络协议层次来分，又有第二层、第三层甚至第四层交换机，普通的交换机都是第二层数据链路层交换机，按照 MAC 地址来传递数据，接入层交换机一般都是第二层交换机，而第三层、第四层交换机实际上具有了路由器的功能，可通过 IP 地址转发数据，核心层网络要选择第四层或第三层的交换机，部分汇聚层交换机也有选择第三层的。按照交换机提供的传输速率来划分，又可分为 100Mbps、1000Mbps、10Gbps 或更快的交换机等。

选择交换机考虑的性能指标主要包括转发速率、背板带宽、端口带宽、管理功能、MAC 地址数、光纤解决方案、外形尺寸等。目前，市场上的交换机品牌很多，用户可根据自己的需求选择性价比较高的产品。

(3) 路由器

是一种连接多个网络或网段的网络设备，它能将不同网络或网段之间的数据信息进行"翻译"，使不同的网络或网段能够相互"读"懂对方的数据，从而构成一个更大的网络。

路由器有两大主要功能，即数据通道功能和控制功能。数据通道功能包括转发决定、背板转发以及输出链路调度等，一般由特定的硬件来完成；控制功能一般由软件来实现，包括与相邻路由器之间的信息交换、系统配置、系统管理等。

路由器是网络协议模型中的第三层设备，当路由器收到任何一个来自网络中的数据包（包括广播包在内）后，首先要将该数据包第二层（数据链路层）的信息去掉（称为"拆包"），并查看第三层信息。然后，根据路由表确定数据包的路由，再检查安全访问控制列表；若被通过，则再进行第二层信息的封装（称为"打包"），最后将该数据包转发。如果在路由表中查不到对应 MAC 地址的网络，则路由器将向源地址的站点返回一个信息，并把这个数据包丢掉。

路由器与交换机也有一定联系，并不是完全独立的两种设备。相对于交换机，路由器主要作用是连接不同的网段并且找到网络中数据传输最合适的路径。

路由器的性能指标包括吞吐量、路由表能力、背板能力、丢包率、时延、设备冗余程度、是否支持热插拔、无故障连续工作时间等。目前市场上主流的路由器品牌很多，用户可根据自身的需求选取性价比较高的产品。

3. 网络协议和操作系统

网络操作系统（NOS），是网络的心脏和灵魂，是向网络计算机提供网络通信和网络资源共享功能的操作系统。它是负责管理整个网络资源和网络用户的软件的集合。由于网络操作系统是运行在服务器之上的，所以有时称为服务器操作系统。

目前，流行的网络操作系统有四大类：Windows 操作系统、NetWare 操作系统、Unix 操作系统和 Linux 操作系统。它们都是基于 TCP/IP 协议族的系统。

操作系统的选择要考虑成本、可靠性、兼容性、安全性等，每个系统各有特点，最重要的还是要和自己的网络环境相结合。如中小型企业及网站建设中，多选用 Windows 网络操作系统；做网站的服务器和邮件服务器时多选用 Linux；在工业控制、生产企业、证券系统的环境中，多选用 NetWare；而在安全性要求很高的情况下，如金融、银行、军事及大型企业网络上，则推荐选用 Unix。

4. 网络存储和网络安全

（1）网络存储的结构和组成

网络存储不再简单是一块硬盘，一个闪存，而是一种架构、一种技术、一种可以保证企业业务正常运行的基础设施。网络存储技术，就是以互联网为载体实现数据的传输与存储，是针对网络存储的管理技术和使用技术的总称。简单来说，网络存储技术就是对直接连接到网络上的硬盘进行组织与管理，从而形成网络存储系统。

网络存储需要首先确定存储的结构方案。目前常用的一种是网络附属存储方案（Networks Attached Storage，简称 NAS），将分布、独立的数据整合为大型、集中化管理的数据中心，存储系统是直接附加到以太网上，存储与服务器是分离的，并加入了数据集中管理系统。NAS 中服务器与存储之间的通信使用 TCP/IP 协议。此外，NAS 能支持多种协议，包括 NFS、CIFS、FTP、HTTP 等。用户可以使用任何一台工作站（无论是 NT 工作站还是 Unix 工作站）采用浏览器的方式对 NAS 设备进行直观方便的管理。这种结构方案在提供足够的存储和扩展空间的同时，还提供了极高的性价比，很适合中小企业选择。

另一种是存储区域网络方案（Storage Area Network，简称 SAN），是一个高速的子网，通常由 RAID 阵列连接光纤通道（Fibre Channel）组成。SAN 和服务器以及客户机的数据通信通过 SCSI 命令而非 TCP/IP。在 SAN 的基础上，又出现了 IP-SAN，IP-SAN 通过结合 iSICI 标准和千兆以太网的优势，不仅提供了 FC SAN 的强大稳定性和功能，还省掉了 FC 不菲的成本，简化了设计、管理与维护，降低了各种费用和总拥有成本，从而成为数据量高速增长企业的新选择。目前主流的三种 IP 存储方案包括互联网小型计算机系统接口（Internet Small Computer Systems Interface，简称 iSCSI）、互联网光纤通道协议（Internet Fibre Channel Protocol，简称 iFCP）和基于 IP 的光纤通道（FCIP）方案。

与存储系统的硬件相匹配，我们还需要一个数据库管理系统软件，目前，商品化的数据库管理系统以关系型数据库为主导产品，技术比较成熟。面向对象的数据库管理系统虽然技术先进，数据库易于开发、维护，但尚没有成熟的产品。其中，主要的关系型数据库管理系统有 Oracle、Sybase、Informix 和 Ingres，这些产品都支持多平台，如 Unix、VMS、Windows，但支持的程度不一样。此外，IBM 的 DB2 也是成熟的关系型数据库，但 DB2 是内嵌于 IBM 的 AS/400 系列机中的，只支持 OS/400 操作系统。在网络系统集成中，为了能够更好地选择数据库管理系统，需要充分了解各种数据库管理系统的综合性能。

（2）网络安全

网络安全需要网络防火墙来保护，防火墙就是一种被放置在自己的计算机与外界网络之间的防御系统，从网络发往计算机的所有数据都要经过它的判断处理后，才会决定能不能把这些数据交给计算机，一旦发现有害数据，防火墙就会拦截下来，从而实现对计算机的必要保护。防火墙按其物理特性进行分类，可分为硬件防火墙、软件防火墙以及芯片级防火墙。

1）硬件防火墙是一种以物理形式存在的专用设备，通常架设于两个网络的接驳处，直接从网络设备上检查、过滤有害的数据报文，位于防火墙设备后端的网络或者服务器接收到的是经过防火墙处理的相对安全的数据。

2）软件防火墙是一种安装在负责内外网络转换的网关服务器或者独立的个人计算机上的程序，跟随系统起动，并运行安全防护。

3）芯片级防火墙基于专门的硬件平台，设有操作系统。专有的ASIC芯片促使它们比其他种类的防火墙速度更快、处理能力更强、性能更高，但价格也更高。用户可根据自己的需求来选用。

6.9.5 建筑设备管理系统

建筑设备包括暖通空调设备、给水排水设备、电力设备、照明设备、电梯等，建筑设备管理系统用来监测、控制和管理这些全部或部分设备。

建筑设备管理系统的设计在初步设计阶段，要理顺设计需求，进行建筑设备管理系统的系统设计，明确设计范围，确定控制策略，绘制系统图和原理图，确定控制网络的结构、网络协议、主要网络和控制设备的选型，确定网络线缆的敷设方式，确定机房的位置和大小，进行机房的初步设计，控制软件的开发需求等。

下面从自动化系统总体系统设计的角度来分析如何控制系统的设计质量。

如图6-16所示为一个较为复杂的自控系统示意图，它显示出系统具体以下几个组成部分：

1. 控制末端及控制设备

建筑设备管理系统末端设备主要分为传感器和执行器两种。

传感器是指设在现场的各种监视器、敏感元件、触点和限位开关等，用来检测现场设备和环境的各种参数，如温度、湿度、液位、压差等，并发出信号到分站现场控制器（DDC），如果系统规模较小，可直接发送到数据中心。

控制器是指设在现场接受分站控制器（DDC）的指令，并调节控制现场设备的机构，如电动阀、电磁阀、调节阀等。

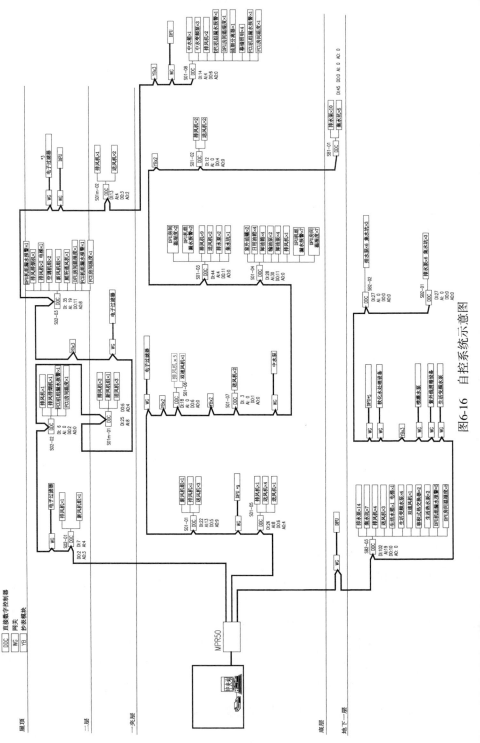

图6-16 自控系统示意图

230

分站控制器（DDC）是以微处理机为基础的可编程直接数字控制器，可方便灵活地与现场的传感器和执行器直接相连，对各种物理量进行测量，并实现对执行器的调节和控制。

每个分站控制器（DDC）及其控制的设备构成了建筑设备管理系统的控制单元，分站控制器（DDC）的布置应考虑系统管理的方式、安装调试的便利性和经济性，一般按机电系统的平面布置划分，如布置在冷冻站、热交换站、空调机房、新风机房等控制参数较为集中之处，也可布置在弱电竖井中，箱体一般挂墙明装。每台分站控制器（DDC）的输入输出接口数量及种类应与所控制的设备要求相适应，并留有 10% ~ 15% 的余量。

2. 控制线缆的分布和连接

控制线缆是连接系统各部分的纽带，从各个监控点到分站控制器（DDC）的线路是逐点连接的，呈放射状，各分站与数据中心通过总线型或环形网络结构进行组网。

3. 楼控中心的设计

楼控中心应尽量靠近控制负荷中心，注意远离变配电室等电磁干扰源，并注意防潮、防震。楼控中心可以与消防中心、安保中心合并设置，此时应优先满足消防中心的要求。BAS 控制台前应留大于 3m 的操作距离，靠墙放置时台后应留有大于 1m 的检修距离。楼控中心的供电应考虑不间断电源（UPS）装置，其容量应包括系统内用电设备的总和并考虑扩展的容量，UPS 供电时间应不少于 20min。

4. 软件系统

虽然硬件系统的连接方式也受到软件系统的影响，但软件系统并不能很直观地从图 6-16 中看出。楼控系统就是一个局域网络，所以要包括网络通信协议的选择，以及在该网络协议下开发的控制管理程序。网络协议有以太网协议族、BACnet、LonWorks、ModBus 等，网络协议与控制设备密切相关。控制设备都是基于某个网络协议来开发的，如果我们选定某个网络协议，就要选择与之相配套的一系列控制设备。当然在一个庞大的楼控系统中，也可能存在多个网络协议，在此情况下，就需要进行不同协议间的翻译工作。网关就是完成协议翻译的设备。

楼控系统的难点和关键点是空调系统的调节、控制和优化，涉及很多的技术细节，需要项目管理者给予充分的注意。

6.9.6 火灾自动探测和报警系统

火灾自动探测和报警系统设计质量控制的依据是《火灾自动报警系统设计规范》（GB 50116—2013）及其他的防火设计规范，同时最重要的是消防建审部门的审核意见。由于此系统涉及消防安全，不管是设计、施工还是设备生产和供应，都有相应的资质或准入要求，参与单位必须要符合相应的要求。

火灾自动探测和报警系统的概念及组成如下：

1. 火灾报警保护对象

不是所有的建筑空间都需要设置火灾报警系统，《火灾自动报警系统设计规范》（GB 50116—2013）第3.1.1条中明确火灾自动报警系统可用于有人居住或经常有人滞留的场所，存放有贵重物资或着火后产生严重污染必须及时报警的场所。该规范附录D明确了火灾探测器的布置位置。其他各类建筑的防火设计规范及建筑设计规范，对需要设置火灾报警系统的区域也进行了明确的规定。如果规范未明确规定的区域，以消防部门的审核意见为准。

2. 探测区域与报警区域的划分

要实现火灾自动报警，必须有火灾自动探测器来发现火灾，一个火灾探测器负责的区域，即为探测区域。探测区域的大小受制于建筑平面布置、探测器的探测能力、规范要求等，原则上探测区域按照独立房间划分，不宜大于500m²，有措施的情况下也可适当放开。有的探测器对长度还有要求，视产品而定。探测区域不能跨越防火分区。

报警区域则根据防火分区或楼层来划分，可将一个防火分区或一个楼层划分为一个报警区域，即发现火情时，只在火情发生的防火分区或楼层内起动报警，而不是整栋大楼。有时也可将发生火灾时需要联动消防设备的几个防火分区或楼层划分为一个报警区域。

3. 火灾集中报警系统的组成

火灾集中报警系统作为一个弱电系统，也是由末端设备、传输线缆、中心控制设备构成，从其功能单元来看，包括火灾探测器、手动火灾报警按钮、火灾声光警报器、消防应急广播、消防专用电话、消防控制室图形显示装置、火灾报警控制器、消防联动控制器等。探测器、手动报警按钮、声光警报器、广播的喇叭、电话分机都是末端设备，位于现场；而消防应急广播控制装置、消防专用电话主机、消防控制室图形显示装置、火灾报警控制器、消防联动控制器等应设置在消防控制室内。

火灾集中报警系统由于其防火要求，是一个独立的系统，其设备和线缆都有相应的防火或阻燃要求。

4. 关于火灾探测器

火灾探测器有多种类型，主要包括感温、感烟和感火探测器三大类。感温探测器通过感知环境温度的变化来探测火灾。感烟探测器则能够探测到烟雾并发送信号到火灾报警系统，又可以分为电离感烟探测器、光电感烟探测器、空气取样探测器、一氧化碳/二氧化碳探测器等，适用于不同的环境情况。感火探测器通过光学元件直接对火焰进行探测，其类型有紫外和红外感光火焰探测器两大类。不同类型、不同品种的探测器适用于不同场地、不同环境，需要认真加以选择。相关规范对此有较为明确的要求。

5. 火灾报警系统的联动

一旦发生火情，可手动，也可自动发出警报，报警系统必须具备这两种功能，但具体是手动还是自动，或者在自动触发后，还要再通过控制中心确认后再发出警报，以避免误报，这些方式都需要控制中心根据实际情况进行选择设定。

一旦确认发生火情，要产生一系列的消防联动动作，如起动消防报警和火灾应急广播系统，起动消防应急照明和疏散指示系统，关闭相应的防火门和防火卷帘，起动防烟排烟系统，起动灭火系统，强制停止电梯运营等，具体如何联动，在《火灾自动报警系统设计规范》（GB 50116—2013）中有比较明确的要求。

6. 关于网络协议及应用

火灾报警控制面板（Fire Alarm Control Panel），是火灾报警控制单元，是典型的基于计算机控制的电子面板，它是火灾报警系统的控制中心。大型建筑和复杂建筑主要采用可寻址消防面板，或基于网络的消防面板，使用有线或无线的局域网将多个探测元件和执行元件链接到面板上。

作为拥有微处理器的智能装置，每一个自动或手动的火灾探测器和执行器在网络中都有唯一的地址，这就可以使火灾控制面板能够识别出是哪一个探测器触发了火灾警报以及哪一个探测器有故障。一般情况下，使用双线网络连接。四线和三线网络也可能用在探测器回路中。总线拓扑和环形拓扑经常用在探测器回路中。大型建筑可能需要使用大量的火灾报警面板，并在高层采用自动化网络集成到一起。传统可寻址火灾报警系统采用专有协议，当前用于火灾报警系统的开放式网络协议标准包括 BACnet、LonWorks 和 KNX/EIB。

7. 关于消防控制中心

《火灾自动报警系统设计规范》（GB 50116—2013）第3.4.1条明确规定，具有消防联动功能的火灾自动报警系统的保护对象中应设置消防控制室，并对消防控制室内应布置的设备，设备的平面布置要求都有较为详细的规定。此外，从建筑平面布置来说，消防控制室应位于地上一层或地下一层，并有门直接开向室外。

6.9.7 公共安全防范系统及与其他系统的关系

公共安全防范系统顾名思义就是对建筑物的安全进行智能化管理的系统，系统的设计要满足规范的要求。安防系统的规范主要包括《安全防范工程技术标准》（GB 50348—2018），这是安全防范工程建设的总规范，是通用的技术标准，还有《入侵报警系统工程设计规范》（GB 50394—2007）、《视频安防监控系统工程设计规范》（GB 50395—2007）、《出入口控制系统工程设计规范》（GB 50396—2007）等系列专项规范。

安防系统是一个集成系统，它通常由入侵报警系统、视频监控系统、出入口控制系统、电子巡查系统、停车库管理系统等一系列系统集合而成。至于一个项目的安防系统包括哪些分系统，这些分系统的具体功能如何，要依据项目的需求和规范的要求来定。

下面对安防系统设计的一些问题进行讨论。

1. 安防系统的总体概念

安全防范是一个比较专业的领域，同时也是一个综合的专业，安全防范的设计不仅涉及安防系统本身，同时对总平面的布置、建筑平面的布置、结构和装饰材料的选择、机电系统的设计都有不同程度的影响，需要有专业的安防顾问在初步设计阶段尽早制定安防设计方案。影响建筑总平面布置的安防问题更应在建筑方案招标之前就确定下来，提供给建筑师统一考虑。

安防设计方案是项目关于安防管理的总体规划及相应的技术措施，其核心内容是安全风险的识别、针对各种风险的安防措施，以及要达到的安全防范目标。

安全防范的措施通常包括人防、物防和技防三类。人防就是靠安保人员来盯防，物防就是通过物理空间、建（构）筑物、各种物理屏障、器具、设备等进行物理防范，技防则是指利用各种电子信息系统和网络的安防措施。弱电专业主要解决技防问题，而物防主要由建筑和结构专业来解决。所以，安防设计方案要给各专业的设计提供设计需求，这是初步设计阶段一项很重要的工作。本章节所讨论的安防系统主要是关于技防的问题，而并非安防体系的全部。

安防系统除了承担安全防范的功能之外，实际上也常常整合了许多物业管理的职能，如访客管理、车辆停车引导、数据统计、信息显示等。所以，在安防系统的功能设计上，要兼顾安全防范和物业管理两方面的职能。

下面从安防系统的核心内容方面展开讨论。

（1）安全风险的识别

风险无处不在，对所有可能的风险都进行防范，是不现实的，纳入设计考虑的应该是在正常使用状态下，用可靠的技术和合理的代价加以防范的风险，如人员和车辆的入侵、盗窃、破坏等，对于不可抗力如自然灾害、战争、恐怖袭击等，则只能不考虑，或在合理的范围内考虑。至于哪些风险要纳入设计考虑范围，要结合项目的具体情况，进行风险评估后再确定。

根据防护对象的不同，安防工程相关设计规范将设计对象分为高风险工程和普通风险工程。高风险工程的风险等级和防护等级的划分依据规范第4.1条的规定执行，风险等级划分为一级、二级、三级，防护等级与之相适应，也划分为一级、二级、三级。普通风险工程则是指通用型公共建筑安防工程，包括办公楼建筑、宾馆建筑、商业建筑（商场、超市）、文化建筑（文体、娱乐）等的安防工程，以及住宅小区的安防工程。普通风险对象不再划分风险等级和防护等级，而是给出了基本型、提高型和先进型三种防护水平的设计建议。

上述是相关规范对于风险的一些具体规定，但这些规定是否与项目的具体风险情况相适应，是否能够满足项目对于风险防范的要求，仍然需要进行仔细的研究，不能简单地满足规范就可以了，而要结合项目的具体情况，在满足规范的基础上，提出适合于项目需求的安防方案。

(2) 风险的防范对策和目标

风险防范的原则是探测加反应的时间必须要小于容许延迟的时间，就是在风险发生的时候，要及时发现并迅速反应，在损害实际发生前将风险消除。采用的防范手段包括物防、人防和技防三类，物防一般来说只能阻碍损害的发生，必须依靠人防和技防来发现风险并做出反应，技防是帮助人防进行全方位、全时间防范的技术手段和工具，而人防是终极的手段，所有的风险最终都要靠人来检查、确认和消除。

安防对象是一个很宽泛的概念，一个人、一个物品、一个房间、一栋楼、一个小区都可以是防护对象，识别防护对象是安全防范的第一步，然后才能根据防护对象的性质、特点、重要性来识别其可能的风险，明确其防护的等级和要达到的防护目标，制定相应的防护方案。这一步看似简单，实则很复杂。对于一个复杂的防护项目，常常面临着关于防护对象的定义、范围、主次关系、费用等一系列复杂的问题，需要认真研究。

对于每一个防范对象，都有一个或多个防范的周界，这个周界可以是有形的，也可以是无形的，可以是静态的，也可以是动态的。周界内的区域构成了防范区域。设置多重周界是增加安防能力的主要手段，也是常用的手段，多重周界之间的物理或技术空间就可以理解为防范的纵深。所以，我们通常将一个纵深防范体系划分为监视区、防护区和禁区，防范级别也逐次提高。

安防的重点是防范区域的周界，风险也在于未授权人员或危险因素突破周界，进入区域内部，随之而带来的损害就很难避免。入侵报警系统、出入口控制系统都是针对周界防范的系统，停车库管理系统控制的重点也在于出入口。

一个区域的周界一般由围护结构和出入口组成，维护结构形式多样，墙体、围栏、电网、篱墙等，其强度、高度、厚度应与其担当的防护任务相适应，一旦有人破坏或越过维护结构时，入侵报警系统必须马上发出警报，以便安保人员能够快速做出反应。

出入口的安防相比维护结构更为复杂，出入口一般要设置门禁系统，承担人员识别、授权人员通行、防止非授权人员进入、防止破坏、异常情况报警、自动封闭等一系列功能，出入口通常还需要安保人员值守，以应付复杂的情况。出入口不应仅仅理解为一道门，而是一个复杂的系统，是物防、技防和人防的有机结合。出入口的形式很多，适用于不同的交通情况和安防要求，要进行专门的设计。

一旦进入一个区域内部，可供选择的安防手段就比较少了，通常就只能采用视频系统进行全方位的监控，或者安保人员定期及不定期巡逻等手段，视频监控系统、电子巡查系统即是针对上述安防要求设计的系统。

对于周界外部一定的范围内，也可以采用监控的手段来预防风险进行预警，至于在多大的范围内监控，采用何种手段，如何监控，需要结合项目情况来确定。

通过上述分析，对安防系统的总体概念和设计原理有了一定了解，下面我们再来看看安防系统常规的几个分系统，包括入侵报警系统、视频监控系统、出入口控制系统、电子巡查系统、停车库管理系统的具体情况。

2. 入侵报警系统

通常设在防护区域周界，区域内部重要部位也可以设置，可以自动触发，也可以人工手动报警，可以向指定区域指定人员报警，也可以向全区域全体人员报警。报警方式可以是声、光、电各种手段，可以在现场报警，也可以在不惊动入侵人员的情况下，向监控中心报警。

报警的触发条件必须要设定好，若人员发现风险，可以人工触发报警。发出报警前，需有一个确认、判断并决定如何报警以及向谁报警的过程，而在自动状态下，这个过程需要自动完成，出现误报的概率就会大大增加，因而在自动报警的情况下，需要充分考虑到减少误报的情况。下面介绍自动报警设计质量相关的几个问题：

（1）设计规范

《入侵报警系统工程设计规范》（GB 50394—2007）；《入侵报警系统技术要求》（GA/T 368—2001）。

（2）系统构成

一般由探测器、报警控制器和监控中心三级构成。一个报警控制器可控制多个探测器，控制器通过 TCP/IP 网络接入监控中心，多采用总线制连接方式。

（3）探测器的选择

探测器有多种类型，包括开关式探测器、被动红外式探测器、主动红外式探测器、雷达式微波探测器、超声波探测器、声控探测器、振动探测器等，适用于不同的环境、不同的探测需求，探测器的类型和参数选择、其布置位置和数量，是入侵报警系统设计质量最重要的一个方面，同时要避免误报和漏报，减少盲区和死角，一定要经过仔细的现场勘察，结合产品的性能和安防的需求，选取最优的方案。

（4）入侵报警系统的基本功能设定

1）不得有漏报。

2）紧急报警装置应设置为不可撤防状态，应有防误触发措施，被触发后应能自锁。

3）在设防状态下，当报警器探测到有入侵发生或紧急报警装置被触发时，报警控制设备应能显示出报警发生的区域或地址。当多处同时报警时，则应依次显示出报警发生的区域或地址。

4）报警发生后，系统应能手动复位。不能自动复位，报警信号应无丢失。

5）在撤防状态下，系统不应对探测器的报警状态做出响应。

6）防破坏及故障报警功能设计应符合下列规定：在设防或撤防状态下，当入侵探测器机壳被打开时；在设防或撤防状态下，当报警控制器机壳被打开时；在有线传输系统中，当信号传输线路被切断或短路时；在有线传输系统中，当探测器电源被切断时；当报警控制器主电源/备用电源发生故障时；当网络传输发生故障或信息阻塞连续超过30s时，报警控制设备上应发出声、光报警信息，报警信息应能保持到手动复位，报警信息不能丢失。

7）系统的记录显示功能应包括报警、故障、被破坏、操作（包括开机、关机、设防、撤防、更改）等信息的记录，记录信息应包括事件发生的时间、地点、性质等，记录的信息应不能更改。

8）系统应具有自检功能。

9）系统应能手动/自动设防和撤防，应能按时间在全部区域及部分区域任意设防和撤防，设防和撤防应有明显不同的显示状态。

在上述基本功能的基础上，再结合项目的具体需求，设计出满足项目功能需求的报警系统。

3. 出入口控制系统

通常是指采用现代电子与信息技术，在出入口对人和物这两类目标的进出进行放行、拒绝、记录和报警等操作的控制系统，是安防系统的有机组成部分。下面来介绍出入口控制系统设计质量相关的内容：

（1）主要适用规范

《出入口控制系统工程设计规范》（GB 50396—2007）；《出入口控制系统技术要求》（GA/T 394—2002）。

（2）系统组成

主要由识读部分、执行部分和管理控制部分构成。一个简单的出入口控制系统将这三部分整合在一套出入口控制设备内，其识读、显示、编程、管理、控制、执行等功能均在这一个设备内完成，称为独立控制型出入口系统。但大型和复杂的出入口系统通常将识读、控制和执行部分放置在现场，而其显示和编程功能则集成到控制中心统一进行管理。现场控制设备通过联网数据总线与控制中心相连，若每条总线与控制中心有一个接口，则为单线制；若有两个接口，则为环线制。网络一般采用 TCP/IP 协议，若现场控制设备采用多种协议，则需要进行协议转换。

（3）功能设定

出入口控制系统分为以下三个部分，下面对其进行说明，同时在此基础上要根据业主的需求加以改造，使之符合项目的需求：

1）识读部分。通过提取出入目标身份等信息，将其转换为一定的数据格式传递给出入口控制中心，控制中心再与所载有的资料进行对比，确认同一性，核实目标的身份，以便进行各种控制处理。

2）管理控制中心。这是系统的核心，具体功能包括：人机界面；负责接收识读装置发来的目标身份等信息；指挥、驱动出入口控制执行机构的动作；出入目标的授权管理，如出入目标的访问级别、访问时段、访问次数等；出入目标的出入行为鉴别及核准，把从识读部分传来的数据与预先存储、设定的信息进行比较、判断，并确定放行还是拒绝；出入时间、操作事件、报警事件等的记录、存储及报表的生成，事件通常采用 4W（When \ Who \ Where \ What）的格式；系统操作员的授权管理，包括设定操作员的级别及其对系统的操作能力，操作员的登陆核准管理等；出入口控制方式的设定及系统维护，一种还是多种识别方式的选择，输出控制信号设定等；出入口的非法侵入、系统故障的报警处理；扩展的管理功能及其与其他控制与管理系统的连接，如考勤、巡更等功能，与入侵报警、视频监控、消防等系统的联动。

3）执行系统。接受从出入口管理及控制中心发来的命令，在出入后做出相应的动作，实现拒绝与出入操作，分为闭锁设备、阻挡设备以及出入准许指示装置设备三种表现形式，例如电控锁、挡车器、报警指示装置等被控设备，以及电动门等控制对象。

（4）识读方式的选择

识读的方式有很多，不同的识读方式对应不同的防范级别，不同的识读对象，不同的识读设备选择，要结合项目的需求，认真考虑。

识读的对象分为两类：一类是人员，一类是物品。

人员的识别方式又分为两类：生物识别方式和编码识别方式。生物识别方式包括指纹、眼虹膜、掌形、面部特征等，编码识别方式包括密码、IC 卡、磁卡、感应卡等。

物品识别方式包括物品特征识别和编码识别等。

（5）出入口控制系统与其他系统的关系

要与消防系统联动，一旦某区域消防报警，相应的出入口要自动打开；出入口控制系统既要考虑安全性，也要考虑足够的通过率，以满足日常管理的需要，高安全性的入口建议要单独设置。

4. 视频监控系统

视频监控系统相对简单，其组成包括前端摄像设备、数据传输线路以及监控中心的视频监控设备三部分。其中，摄像设备的选择及其布置是系统设计的难点和关键点。

1）摄像设备的形式和种类很多，主要包括半球摄像机、枪型摄像机、一体化摄像机、红外一体摄像机、智能球形摄像机、云台摄像机等，是监控系统最主要的前端设备，每种设备又有不同的型号，不同的性能，不同的生产商和不同的价格，要根据业主的需求，合理选择。

2）摄像设备的布置是设计质量的另一个关键点，其布置要考虑诸多因素，如摄像机性能、业主的要求、规范的要求、合理分布以最大化地发挥相机性能减少造价的要求、尽量减少盲区死角的要求等。合理选择摄像设备，以及摄像设备的科学布置，包括平面位置、高度、角度等，需要结合图纸及现场的实际情况，进行大量深入而细致的工作，这往往也是设计工作容易忽略的地方，要进行认真审核。

3）数据的传输可以采用专用视频线路，也可以采用网络，保证有足够的传输能力即可。

5. 电子巡更巡检系统

电子巡更巡检系统把限于特定时间、地点及人员的考勤范围通过系统进行预先设定，满足各种场合的特殊考勤，方便记录下工作人员到达巡查点的时间及状态信息，从而达到事半功倍的效果。电子巡更巡检系统分为在线式和离线式两大类。

(1) 在线式电子巡更巡检系统

是在一定的范围内进行综合布线,把巡更巡检器设置在一定的巡更巡检点上,巡更巡检人员只需携带信息钮或信息卡,按布线的范围进行巡逻,管理者只需在中央监控室就可以看到巡更巡检人员所在巡逻路线及到达巡更巡检点的时间。

它的缺点是施工量大,成本高,室外安装传输线路易遭人为破坏,对于装修好的建筑再配置在线式巡更巡检系统更显困难,也容易受温度、湿度布线范围的影响,安装维护也比较麻烦。优点是能实时管理。在线式电子巡更巡检系统比较适用于在一定范围内巡检要求特别严格或巡检工作有一定危险性的地方,目前使用较少。

(2) 离线式电子巡更巡检系统

顾名思义此系统无须布线,只要将巡更巡检点安装在巡逻位置,巡逻人员手持巡更巡检器到每一个巡更巡检点采集信息后,将信息通过传输器传输给计算机,就可以显示整个巡逻巡检过程(如需要再由打印机打印,形成一份完整的巡逻巡检考察报告)。

相对于在线式电子巡更巡检系统,离线式电子巡更巡检系统的缺点是不能实时管理,如有对讲机,可避免这一缺点。它的优点是无须布线,安装简单,易携带,操作方便,性能可靠,不受温度、湿度、范围的影响,系统扩容、线路变更容易且价格低,又不易被破坏。系统安装维护方便,适用于任何巡逻或值班巡视领域。

离线式电子巡更巡检系统分为两类,即接触式巡更巡检系统与非接触式巡更巡检系统(也称感应式巡更巡检系统)。接触式巡更巡检系统是指巡更巡检人员手持巡更巡检器到各指定的巡更巡检点,接触信息钮,把信息钮上所记录的位置、巡更巡检器接触时间、巡更巡检人员姓名等信息自动记录成一条数据,工作时有声光提示,其耗电量也非常小。非接触式巡更巡检系统(也称感应式巡更巡检系统)是指巡更巡检器是利用感应卡技术不用接触信息点就可以在一定的范围内读取信息,自带显示屏,可以查看到当前存储的信息,同时又有人员记录、事件记录的功能。它的不足之处是易受强电磁干扰。

一个典型的电子巡更巡检系统由计算机、巡更棒（采集信息钮的数据）、巡更管理软件、数据通信盒（把巡更棒的数据传到计算机）、巡更信息钮（卡）和打印机组成。如果将计算机连入局域网，可通过局域网来对巡更的数据进行处理。

6. 停车场（库）管理系统

停车场（库）管理系统具有很多功能，如车辆识别、出入口通行控制（道闸开放与锁闭）、停车引导、车辆计数、停车收费、车位探测、信息显示、视频监控等，但从安全的角度来说，停车场（库）的出入口往往是安全防范的薄弱点，人员和车辆很容易从停车场的出入口闯入到防范区域内部，所以防范要求较高的区域，必须要在出入口采取特别的安全防范技术措施，或者设置人员值守。

一个典型的智能停车库（场）管理系统入口包括入口发卡机、自动道闸、车辆感应器、读卡器、车位显示屏、刷卡机箱、摄像机及控制主板等设备，而出口则由读卡器、自动道闸、车辆感应器、显示屏、刷卡机箱、对讲主机、摄像机及控制主板等设备构成。车场出口处通常还设置收费管理处，进行停车收费和其他的车场管理工作。如果将出入口的控制机通过网络连入中央控制室，则可以通过中央控制室对车场的出入口进行监控和管理。

7. 安全防范系统的集成

安全防范系统分为全集成式系统、分散式系统和介于两者之间的组合式系统。

（1）全集成式系统的特征

1）安全管理系统应设置在安全禁区（监控中心）内，应能通过统一的通信平台和管理软件将监控中心设备与各子系统设备联网，实现由监控中心对各子系统的自动化管理和监控，安全管理系统的故障应不影响各子系统的运行，各子系统独立运行。

2）应能对各子系统的运行状态进行监测和控制，应能对系统运行状况和报警信息进行记录和显示；应设置足够容量的数据库。

3）应建立以有线传输为主、无线传输为辅的信息传输系统；应能对信息传输系统进行检测，并能与所有重要部位进行有线或无线的通信联络。

4）应设置紧急报警装置，应留有向接处警中心联网的通信接口。

5）应留有多个数据输入、输出接口，应能连接各子系统的主机；同时应能连接上层管理计算机，以实现更大规模的系统集成。

(2) 分散式系统的特征

1）相关子系统独立设置，独立运行。系统主机应设置在禁区（值班室）内，系统应设置联动接口，以实现与其他子系统的联动。

2）各子系统应能单独对其运行状态进行监测和控制，并能提供可靠的监测数据和管理所需要的报警信息。

3）各子系统应能对其运行状况和重要信息进行记录，并能向管理部门提供决策所需要的主要信息。

4）应设置紧急报警装置，应留有向接处警中心报警的通信接口。

组合式系统介于集成式和分散式系统之间，集成式系统造价最高，智能化程度最高，也是将来发展的方向。随着技术的发展，安全防范系统集成的规模、深度和广度也在不断发展。

安防系统的集成设计包括各子系统的集成设计、总系统的集成设计，还要包括总系统与上一级管理系统的集成设计。

各子系统的集成设计往往是由各子系统的生产厂家随同产品来提供，所以安防系统的集成设计，主要是其安全管理总系统的集成设计，并兼顾与上一级管理系统的集成设计。

所以在进行集成设计前，要设定一个集成的方案或模式，尤其是各系统之间的接口，要预先设定好。数据传输多采用基于 TCP/IP 协议的以太网，如果子系统的通信协议不一致，还需要设置网关来进行协议转换。

集成设计的依据是业主的功能需求、规范的要求，以及客观的市场情况。

8. 安防系统与其他系统的关系

根据安全管理的要求，出入口控制系统必须考虑与消防报警系统的联动，保证火灾情况下的紧急逃生。

根据需要，电子巡查系统可与出入口控制系统或入侵报警系统联动或组合；出入口控制系统可与入侵报警系统和视频监控系统进行联动或组合等。

9. 安防监控中心

对于安防监控中心，具体要求如下：

1）监控中心应设定为禁区，应有保证自身安全的防护措施和进行内外联络的通信手段，并应设置紧急报警装置和留有向上一级接处警中心报警的通信接口。

2）监控中心的面积不应小于20m^2，应有保证值班人员正常工作的辅助设施。

3）监控中心室内地面应防静电，门的宽度不应小于0.9m，高度不低于2.1m。室内设备的排布，应便于操作和维护。控制台的装机容量应根据工程需要留有扩展余地。

4）监控中心内应有良好照明。

5）监控中心室内电缆、控制线的敷设可采用地槽、架空地板，并应敷设在不同的专业线槽内。同时要注意电缆容量和弯曲半径的要求。

6）控制台正面与墙的净距离不应小于1.2m，侧面与墙或其他设备的净距离，在主要走道不应小于1.5m，在次要走道不应小于0.8m。机架背面和侧面与墙的净距离不应小于0.8m。

7）监控中心的供电、接地与雷电防护、监控中心的布线、进出线端口的设置都要满足规范要求，在此不再赘述。

✅ 6.9.8 智能化集成系统

智能化集成系统是将建筑物的所有智能系统集成到一个共同的信息平台上统一进行管理。从技术上来说，并没有多大难度，关键是业主的管理模式和管理需求一定要明确。从技术上来说，可以做到所有的系统基于网络的一体化集成，这也是将来发展的方向，但从业主具体的需求和安全管理的角度来说，往往只能做到有限集成。要进行智能化系统的集成，需要首先明确以下几个问题：

(1) 哪些系统要纳入集成管理系统

建筑物内的诸多弱电系统，包括建筑设备管理系统、公共信息显示系统、物业管理系统、办公系统、安防系统等，哪些系统要纳入集成系统的统一管理，即集成范围要明确。

（2）功能要明确

集成系统要实现哪些管理功能，包括总体的功能需求，如显示、监控、报表、存储、扩展、增值服务等，同时还要明确集成系统与各分系统之间的关系，集成系统要分别对各分系统进行哪些管理与控制，传递哪些数据信息，各自权限如何分配等。

（3）技术要求

下面提出一些具体的技术要求，但各项目的具体要求不同，这里仅供参考：

1）要求采用分层面向用户的开放式、标准化、模块化结构的软件，便于系统功能的扩充和更新，具有较强的容错能力及较短的响应时间。

2）智能化集成系统可根据系统运行和管理要求来配置，可方便、灵活、简单地实现应用软件功能的增减，而且这些改变无须调整和增添管理工作站的硬件配置。

3）系统须采用"浏览器—服务器模式"的系统架构，或"客户—服务器模式"与"浏览器–服务器模式"相结合的系统架构。使用浏览器可以浏览、检索所有有关信息（包含实时信息），操作所有有关功能。

4）支持现场控制总线网络（如 LonWorks、BACnet、ModBus 等）。

5）接口开发兼容性强，界面标准化、规范化，对于各种标准接口（如 OPC、BACnet、LonWorks、RS485/422/232、ModBus 等）和非标准接口都能够实现各子系统的信息（运行数据和命令）的转换和实时传送。

6）服务器必须支持使用 TCP/IP 通信协议来通信，并有能力在同一网络上通过通信接口与 OPC、BACnet、LonWorks、ModBus 和 SNMP 等不同通信协议通信，可以读取各种符合 ODBC 标准的开放式数据库。

7）支持各智能化子系统的专业以太网络。智能化集成系统可以与各专业以太网络通过 TCP/IP 协议进行通信，可以直接访问和集成各智能化子系统 Web 访问站点。

8）建立智能化集成系统 Web 发布站点或门户，并支持安全授权、身份认证。

9）智能化集成系统应运行于主流操作系统平台上，使用的数据库系统为成熟的和经过时间检验的产品。对于数据库服务器和运行服务器提供双机热备，同时提供磁带机、磁带库或外挂硬盘等冷备份方式进行数据备份，最大限度保障系统数据的可靠性和安全性。

✔ 6.9.9 弱电机房工程

弱电工程有诸多的机房，包括电信及网络的接入机房、单独设置或综合设置的各系统控制中心机房、管理中心机房、各楼层电信间及弱电间等。机房工程涉及空调技术、供配电技术、自动检测与控制技术、抗干扰技术、综合布线技术、以及净化、消防、建筑和装饰等多种专业，为了确保弱电机房内电子设备稳定、可靠的运行，保障机房工作人员的良好环境，机房必须满足设备和工作人员对温度、湿度、洁净度、电磁场强度、电源质量、照度、接地、消防和安全等要求。机房设计依据的标准主要为《电子信息系统机房设计规范》（GB 50174—2008）。

机房设计的主要内容，具体建议如下，但最终还要依据工程的具体情况和需求来确定：

1. 弱电机房设计的总体要求

1）装饰应选用气密性好、不起尘、易清洁的材料。

2）应避开强电磁场干扰并保障机房的弱电系统信息安全，采取有效的电磁屏蔽措施。

3）机房区域内所有房间应铺设防静电架空活动地板，铺设高度 300mm 左右，架空地板下做接地防静电处理，弱电系统的线路安装在架空地板下的线槽内。活动地板要求：尺寸常用 600mm × 600mm，荷载应大于 500kg，静电泄漏电阻应在 $1.0 \times 10^5 \sim 1.0 \times 10^8 \Omega$。

4）考虑到视野透明、增加开阔感及便于操作人员监察各类计算机设备的运行状况，机房入口前厅间的隔断采用防静电全玻璃隔断。

5）天花吊顶宜选用金属板及玻璃棉吸声纸，以达到防静电和屏蔽的效果。

6）墙面宜采用金属板，具有防静电及屏蔽的效果。

7）机房净高应控制在 2.7~3m。

2. 机房环境电源要求

1）三相五线制：AC220/380，TN-S 系统。

2）稳态电压偏移范围：±5%。

3）稳态频率偏移范围：±0.2Hz。

4）电压波形畸变率：<5%。

5）允许断电持续时间：<0.4ms。

根据负荷的重要性，应设置双路供电，或设置 UPS。

3. 机房照明要求

机房照明通常采用自然采光和人工照明两种方式，其总体要求是：合理的照度；光的颜色要求显色指数高；限制炫光和阴影，以满足设备操作人员和维修人员的工作需要；应使长期工作在机房环境里的人员感到光线柔和、舒适、不易疲劳。具体来说，包括以下两点：

1）机房内应采用带格栅的荧光灯，可采用三管或二管，灯面的镜面为亚光。主机房的平均照度标准低的为 150~300lx，中等的为 400lx，较高的为 500~750lx。

2）机房内应设置应急照明，其管线必须和一般照明管线分开。

4. 空调系统的要求

弱电主机房对机房的环境要求较高，它在正常工作时不仅需要足够的照度，而且需要合适的温度、湿度、含氧量、二氧化碳含量、灰尘含量（洁净度）等。其环境监控高于一般办公室的表现之一就是建设标准不同。机房国家标准分为 A、B 级。弱电主机房应采用精密空调系统，该系统一般配备加湿系统、专用的高效率除湿系统及电加热补偿系统，通过微处理器处理传感器送来的数据，可精确控制机房温度和湿度。弱电主机房的环境要求建议如下：

1）温度：21~23℃。

2）湿度：30%~70%（25℃时）。

3）空气含尘浓度：在静态条件下测试，每升空气中含有大于或等于 0.5m 的尘粒数，应小于或等于 18000 粒。

4）要选择合理的送风方式，出口风速宜小于 3m/s，机房内必须维持一定的正压。

5）新风量 30～50m²/（H·人），应取较高值。

5. 机房消防系统要求

1）机房装修材料应选用不燃材料（消防等级为 A 级）。

2）机房内应设火灾烟感探测器。

3）弱电主机房内应设置气体灭火系统，用于紧急情况下对重要设备的保护，气体灭火系统的种类主要是二氧化碳灭火系统及卤代烷灭火系统。

4）在室内附设交、直流双电源应急灯，火灾事故广播，119 专线消防电话，火灾报警按钮等消防设施。

6. 安防要求

在重要机房内应设置摄像机和报警设备。

7. 电磁屏蔽与防电磁脉冲要求

机房内应设置有效的电磁屏蔽措施。

为了防止电磁脉冲对弱电设备的破坏，在机房内输入输出配电柜内及重要设备中采用电涌抑制器做过电压保护器。

8. 机房接地要求

机房接地分为系统工作接地和静电接地，所有设备应进行等电位连接并接入大楼的联合接地系统，接地电阻不大于 1Ω。

关于接地有许多具体的技术要求，可参见《数据中心设计规范》（GB 50174—2017）、《建筑物防雷设计规范》（GB 50057—2010）和《建筑物电子信息系统防雷技术规范》（GB 50343—2012）的有关规定。

9. 线路敷设、接地系统、雷电防护及过电压保护

1）弱电系统的线缆应敷设在金属线槽内，或采用穿钢管暗敷设的方式。

2）弱电线路宜采用低盐无卤阻燃电缆。

3）为了保证弱电设备稳定可靠地工作，防止信号之间的相互串

扰，保护设备和人身的安全，需有一个良好的接地系统。系统接地包括工作接地、安全保护接地、防雷保护接地和防静电接地。工程宜优先采用联合接地系统，接地电阻不大于 1Ω。除防静电接地引下线采用截面面积为 $100mm^2$ 的绝缘屏蔽电缆外，其余接地采用截面面积为 $50mm^2$ 的铜芯电缆。在通信中心、计算机网络中心、消防安保控制中心、电视前端设备室、网络设备室、区域安保控制室、区域广播室、各楼层电信间等弱电机房内设接地端子箱。

4）所有通信、广播、计算机、雷电等系统均应设置雷电防护措施。

5）各弱电设备上供电电源采用三级过电压保护：弱电系统输入和输出线路设过电压防护；弱电系统接地线路设过电压防护。

6.9.10　弱电深化设计的建议深度

1. 总体技术要求

1）弱电系统深化设计深度要求：依据现行的国内、国际标准规范及设计方扩初设计、施工图设计提供的文件和施工图，对所有弱电系统进行深化设计，直至达到能够指导所有弱电系统施工安装。

2）弱电承包商应配合设计方进行深化设计图纸确认和报审工作。

3）弱电系统局部管线深化设计要求：所有施工图中未设计到位或因二次装修设计需要调整的管线均由弱电承包商完成深化设计，直至能够完全满足施工要求。

4）弱电集成系统及各子系统深化设计，应根据业主要求提供采用不同技术和产品的技术和经济比选方案（每个子系统不少于两个比选方案）。

5）弱电井、间、室的内部设计包括整体布局，设备机柜/箱摆放、照明和供配电，通风和空调，防雷和接地，线管线槽走向，线缆敷设要求，内部装饰要求等的细化设计。

6）弱电系统机房的内部设计包括机房整体布局，设备机柜/箱摆放、照明和供配电，通风和空调，防雷和接地，线管线槽走向，线缆敷设要求，内部装饰等的细化设计。

7）弱电各子系统设备招标技术规格书至少应包括以下内容：设备的功能描述；设备技术指标描述；设备配置及选型要求；主要设备的工作条件及运行环境要求；设备及材料清单。

2. 设计图纸要求

1）弱电系统深化设计图纸应包括系统设计说明、系统图、系统原理图、平面布置图、系统接线图、设备安装大样图等。

2）弱电系统深化设计图纸要达到系统管线路由清晰、系统功能及监控信息点清晰、系统主要设备配置清晰要求。

3）应有各弱电系统装置的联结装配安装图，以及与其他弱电子系统及机电系统设备之间的配合关系图。

4）说明弱电系统电缆类型和敷设要求。

5）系统图深度要求：描述系统的组成及各组成部分之间的控制、传递和反馈的关系。

6）平面图深度要求：设备平面位置及与设备之间的连接关系、缆线的型号和走向。

7）系统接线图深度要求：端子编号和说明，接线与端子编号的对应关系。

8）设备安装大样图深度要求：描述安装材料、安装步骤、安装工艺。

9）工程选用标准图图集及编号。

10）各系统的施工要求和注意事项。

本章工作手记

本章从建筑工程各专业的概念和技术方案入手，讨论了设计文件质量管理的要点，见下表。

专业	分项	设计文件质量管理要点
建筑	建筑方案评价	建筑美学； 功能需求的符合性； 法规的符合性； 造价； 技术可行性评价
	总平面设计	概念及基本设计参数； 建筑物的布置； 内部交通组织及停车场； 景观、绿地及建筑小品； 竖向设计； 室外管线
	建筑设计	概念及基本设计参数； 建筑的整体质量控制要素； 建筑的外墙及屋顶； 建筑的功能分区及分区内部各空间之间的相互关系； 建筑的最基本单元空间； 建筑的细部设计
结构	结构	概念及设计参数； 结构选型； 结构的分析计算； 结构的试验工作； 构件和节点设计

专业	分项	设计文件质量管理要点
机电	建筑电气	概念及设计参数； 供配电系统的总体设计； 总体的供电方案； 变配点所在室内外的物理位置； 变配电所的室内布置； 电气设备的选型； 导线及电缆的选型及敷设方式； 照明系统
	供暖通风空调	概念及基础设计参数； 采暖通风系统的技术方案和系统设计； 空调系统的概念和基本系统； 空调系统的设计和运营策略； 空调设备的选型； 空调机房的位置和布置； 空调管线及末端风口的选型和布置； 空调系统的控制； 建筑防烟排烟
	给水排水	概念及基础设计参数； 技术方案的选择原则； 各水系统的概念及技术方案； 给水排水设备及管线的选型
	管线综合	人员组织和工作流程； 影响管线综合的因素及方法； 管线综合的原则； 管线综合的成果及审核
	弱电（建筑智能化）	总体线路及弱电机房分布； 结构化布线系统； 通信网络系统； 计算机网络系统； 建筑设备管理系统； 火灾自动探测和报警系统； 公共安全防范系统及其与其他系统的关系； 建筑物集成管理系统； 弱电机房工程； 弱电深化设计的建议深度

第 6 章　设计文件的质量管理——概念及技术方案

第7章

施工阶段的程序化管理

本章思维导读

施工阶段的管理较为成熟，技术有规范，管理有规程，企业和人员有资质。从取得施工许可证开始，到工程竣工备案结束，整个过程有较为完善的管理制度和程序。对业主管理来说，有两个难点：一是工程招标及合同规划，二是施工阶段的设计配合工作。本章将对施工阶段的管理程序和难点进行说明。

7.1 施工阶段的管理概述

7.1.1 施工阶段的准备工作

建设项目须取得施工许可证才能正式开始施工。要取得施工许可证，一般来说应具备一定条件，而这些条件也正是施工的准备工作，见表7-1。

表7-1 施工准备工作内容

序号	准备工作内容	备注
1	取得建筑工程规划许可证	
2	取得正式的用地批准手续	
3	施工图审查合格，取得施工图审查合格证书	施工图设计完成后，应报送有审图资质的审图单位，取得施工图审查合格证书

序号	准备工作内容	备注
4	施工总承包单位招标到位，有施工合同备案表	详见本书第 7.2 节
5	监理单位招标到位，有监理合同备案表	详见本书第 7.2 节
6	施工现场具备施工条件，现场三通一平落实	即水通、电通、路通，场地平整
7	项目的资金已经落实	有相应的资信证明提交
8	已在质量监督主管部门及安全监督主管部门办理相应的质量、安全监督注册手续等	

建设主管部门在建设单位申报后，要核实各项条件，并派人到现场核实是否具备施工条件，核准后颁发施工许可证。

7.1.2 施工过程中的管理

1. 施工启动工作

1）监理单位进场，总监理工程师和各专业监理工程师就位，阅读图纸，编制监理规划和监理实施细则，并报送业主审核。

2）施工总承包单位进场，建立现场工作设施，项目经理及其他主要管理人员就位，阅读图纸，编制施工组织设计，并报监理及业主审核。

3）业主将施工图分发给施工单位和监理单位，并组织设计方、监理单位和施工单位进行设计交底和图纸会审，签订设计交底记录和图纸会审记录。

4）业主委托测绘院在工地现场钉立平面及高程基准桩，为现场施工提供平面及高程的定位基准点。

5）组织第一次工地会议，业主向总监理工程师授权，明确各方的管理人员和信息交流方式，落实各项施工启动工作。

2. 施工过程管理

（1）信息交流管理

各方应设立专人负责信息的交流工作，建立文件的收发文流程。监理组织每周的监理例会，对工地现场的进展定期进行交流。同时根

第 7 章 施工阶段的程序化管理

据工程的需要组织不定期的技术和管理会议。

（2）监理工作程序

在施工过程中，监理作为业主的代表，对工地现场进行全面管理，监理工作的程序代表了工程现场管理的程序，如图7-1所示。

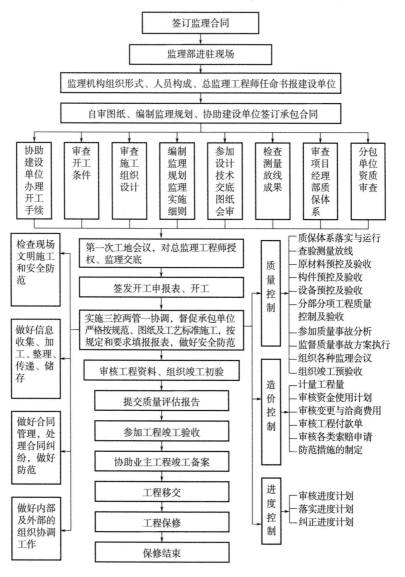

图7-1　施工阶段监理工作程序

(3) 质量管理

工程施工须贯彻方案先行、样板引路的原则。施工单位进场后须编制施工组织设计，并报监理和业主审核。施工过程中须根据工程需要编制各项专业施工方案，并报监理审核。施工单位按照设计图、工程方案和施工规范规程进行施工，监理作为工程现场质量管理的主体，进行工程质量的过程检查和验收。业主对质量管理的工作进行监督和检查。

如图 7-2 所示为施工组织设计审批程序，如图 7-3 所示为施工方案审批程序，表 7-2 为工程质量控制重点及主控要素，可帮助理解工程质量管理的程序和要点。

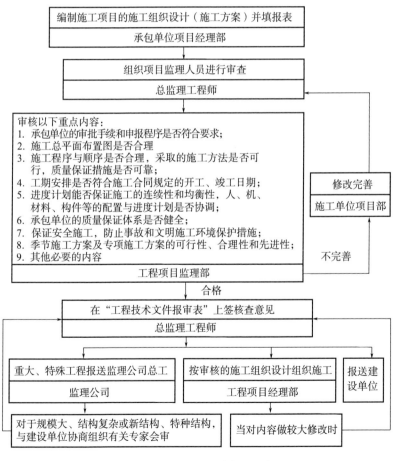

图 7-2 施工组织设计审批程序

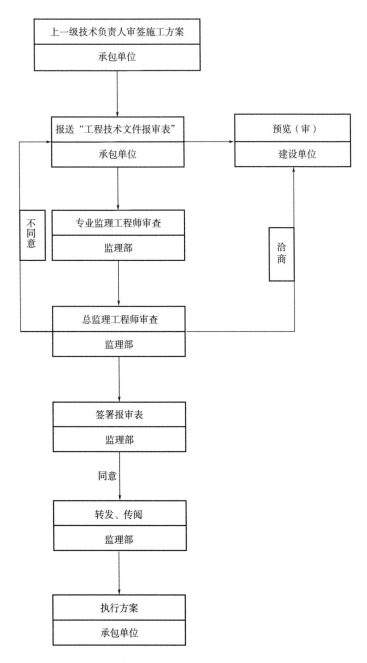

图 7-3　施工方案审批程序

表 7-2 工程质量控制重点及主控要素

序号	工作项目	质量控制重点	控制手段
1	土方工程	基坑土方：分层开挖，每层高不小于2.0m 基坑顶无积土，且坡向坑外排水沟通畅，有出口不返坡	尺量 外观检查、尺量
		土钉墙：基坑坡面平整、无松土 土钉压浆密度 钢筋网及与土钉固定 喷射混凝土厚度 豆石混凝土强度、配合比	外观检查 检查表压、压浆量、检查记录 按分项工程验收、旁站 检查标识或钻孔尺度量 检查试验资料、检查测量
		护坡桩：桩长 混凝土配合比 帽梁钢筋笼制作 帽梁钢筋笼制作安装方向 灌注混凝土 混凝土强度 锚杆深度 锚杆压浆 锚杆压浆预应力	尺量 检查资料、检查坍落度 按分项工程验收 拉线目测 另见旁站 检查试验报告 检查钻杆长 检查表压、压浆量、检查记录 检查压力表值和记录
		降水井：井深 清理 洗井 周围房屋沉降情况 环境沉降情况 基坑沉降和位移	尺量 观察 观察 检查记录 检查记录 观察、检察记录
		井点降水：机械状况 降水情况	观察 尺量和检查记录
2	基础工程	1. 桩基位置（轴线及高度） 2. 钢筋型号、直径、数量 3. 混凝土强度 4. 地下管线预留孔道及预埋件 5. 桩的质量	测量 现场检查 审核配合比，现场取样制作试块，审核试验报告， 现场检查，量测 量测及外观检查

（续）

序号	工作项目	质量控制重点	控制手段
3	钢骨混凝土框架结构	1. 轴线、标高与垂直度测量 2. 断面尺寸 3. 钢筋数量、规格位置、接头 4. 施工缝处理 5. 混凝土强度、配合比、坍落度、强度 6. 预埋件型号、位置、数量、锚固	复测 量测 现场检查、量测 旁站 现场制作试块、审核试验报告 现场检查、量测
4	钢结构制作安装	1. 工艺设计、详图设计 2. 标高、轴线、角度、垂直度测量 3. 结构原材料、焊接材料、防腐、防火涂料 4. 焊接质量 5. 拼装质量 6. 安装质量	组织审查 复测 合格证、复验、见证取样和检验 尺寸检测、超声波无损探伤、磁粉着色等、旁站 工艺、工序控制、测量复验、外观检查
5	钢筋混凝土工程	1. 混凝土的配合比、强度 2. 钢筋的施工质量 3. 模板施工质量 4. 预埋件及管线 5. 混凝土浇筑质量	配合比、强度取样试验 量测 量测 现场检查、量测 旁站、试验
6	玻璃幕墙	1. 幕墙设计质量 2. 测量精度 3. 材料、构件、结构件质量 4. 工序控制	组织审查设计 复测 试验、合格证 严格工序验收
7	门窗工程	1. 位置、尺寸准确，平整方正，不翘曲，密封 2. 嵌填严密，定位准确，安装牢固，关闭严密，开启灵活	检查、量测 检查、量测

（4）进度管理

工程总进度计划须在施工过程中分解为年进度计划、月进度计划、周进度计划进行过程管理，管理程序如图 7-4 所示。

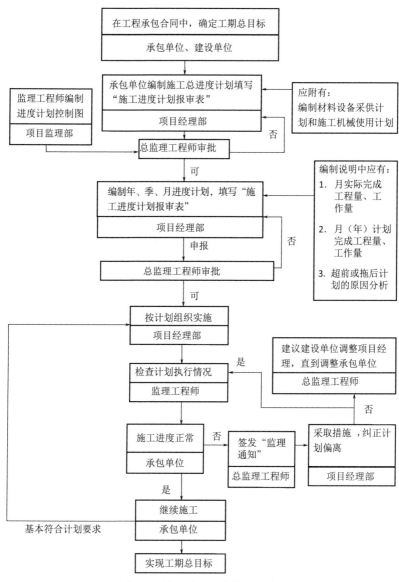

图 7-4 施工阶段进度管理程序

（5）合同及造价管理

业主在施工阶段的合同及造价管理工作有以下几项：

1）按照招标计划进行专业分包商、专业设计顾问、材料供应商的招标工作。

2）合同的签订、执行及后续的跟踪管理工作。

3）建设资金的管理，包括工程进度款的支付，确保建设资金按计划筹措和消耗，总体可控。

4）工程变更和工程洽商费用的管理。

造价管理的程序如图 7-5 所示。

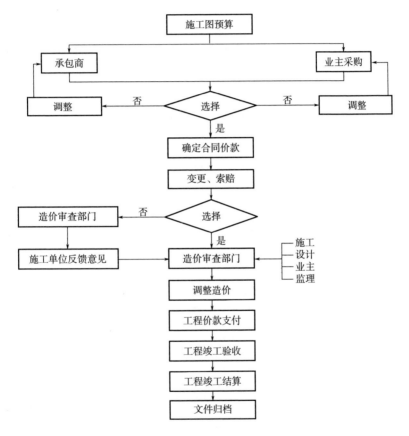

图 7-5　施工阶段造价管理程序

（6）工程档案管理

整个工程的进展过程中，会形成大量的基建文件，施工阶段形成的基建文件最多。基建文件档案必须按照相关建设文件资料管理规程的要求，在建设过程中及时验收、归档。基建文件管理程序如图 7-6 所示。

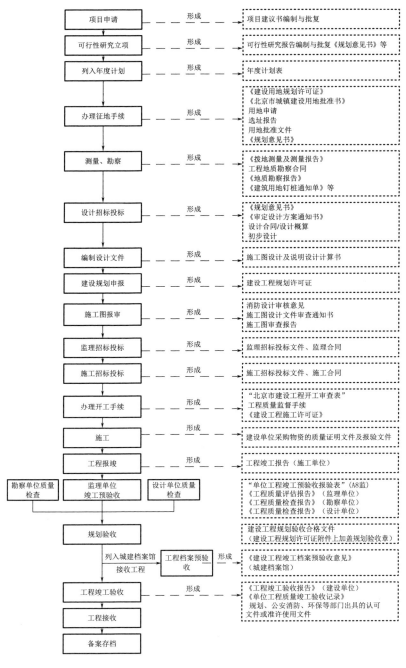

项目申请	— — 形成 — —	项目建议书编制与批复
可行性研究立项	— — 形成 — —	可行性研究报告编制与批复《规划意见书》等
列入年度计划	— — 形成 — —	年度计划表
办理征地手续	— — 形成 — —	《建设用地规划许可证》 《北京市城镇建设用地批准书》 用地申请 选址报告 用地批准文件 《规划意见书》
测量、勘察	— — 形成 — —	《拨地测量及测量报告》 工程地质勘察合同 《地质勘察报告》 《建筑用地钉桩通知单》等
设计招标投标	— — 形成 — —	《规划意见书》 《审定设计方案通知书》 设计合同/设计概算 初步设计
编制设计文件	— — 形成 — —	施工图设计及说明设计计算书
建设规划申报	— — 形成 — —	建设工程规划许可证
施工图报审	— — 形成 — —	消防设计审核意见 施工图设计文件审查通知书 施工图审查报告
监理招标投标	— — 形成 — —	监理招标投标文件、监理合同
施工招标投标	— — 形成 — —	施工招标投标文件、施工合同
办理开工手续	— — 形成 — —	"北京市建设工程开工审查表" 工程质量监督手续 《建设工程施工许可证》
施工	— — 形成 — —	建设单位采购物资的质量证明文件及报验文件
工程报竣	— — 形成 — —	工程竣工报告（施工单位）

勘察单位质量检查 → 监理单位竣工预验收 ← 设计单位质量检查

"单位工程竣工预验收报验表"（A8监）
《工程质量评估报告》（监理单位）
《工程质量检查报告》（勘察单位）
《工程质量检查报告》（设计单位）

| 规划验收 | | 建设工程规划验收合格文件
（建设工程规划许可证附件上加盖规划验收章） |

列入城建档案馆接收工程 → 工程档案预验收 — 形成 → 《建设工程竣工档案预验收意见》
（城建档案馆）

工程竣工验收	— — 形成 — —	《工程竣工验收报告》（建设单位） 《单位工程质量竣工验收记录》 规划、公安消防、环保等部门出具的认可文件或准许使用文件
工程接收		
备案存档		

图 7-6　基建文件管理程序

在建设工程资料管理规程中，有详细的资料目录、格式、填写要求、存档要求，各方必须设立专人进行全程管理。

3. 工程验收

按照《建筑工程施工质量验收统一标准》（GB 50300—2013），建筑工程质量验收应划分为单位（子单位）工程、分部（子分部）工程、分项工程和检验批。

单位工程是指具备独立施工条件并能形成独立使用功能的建筑物及构筑物，对于建筑规模较大的单位工程，可将其能形成独立使用功能的部分划分为子单位工程。

分部工程的划分应按其专业性质、建筑部位来确定，当分部工程较大或较复杂时，可按材料种类、施工特点、施工程序、专业系统及类别等划分为若干子分部工程。

分项工程应按主要工种、材料、施工工艺、设备类别等进行划分。分项工程可由一个或若干个检验批组成。

检验批是最小的验收单位，可根据施工及质量控制和专业验收需要按楼层、施工段、变形缝等进行划分。

工程验收的程序如图 7-7 所示。

工程验收应分为过程验收和竣工验收两部分。过程验收包括检验批、分项工程、分部工程及单位工程的验收。设计单位一般要参加分部及单位工程的验收，并在验收单上签字。业主需要参加单位工程的验收并签字。具体要看相关验收规程的规定。

对于竣工验收，我们下面来介绍须满足的条件和步骤：

（1）竣工验收须满足的条件

1）施工单位已按照合同要求完成了全部合同项下的工程内容，工程质量全部合格，验收资料齐全。

2）各功能系统，包括电梯、消防、人防、空调、电气、给水排水、热力、通信网络等，均已调试完成，能正常使用，并通过了必要的第三方检测。

3）通过了消防、人防、规划、卫生、抗震、园林等政府部门的验收，并取得了验收批准文件。

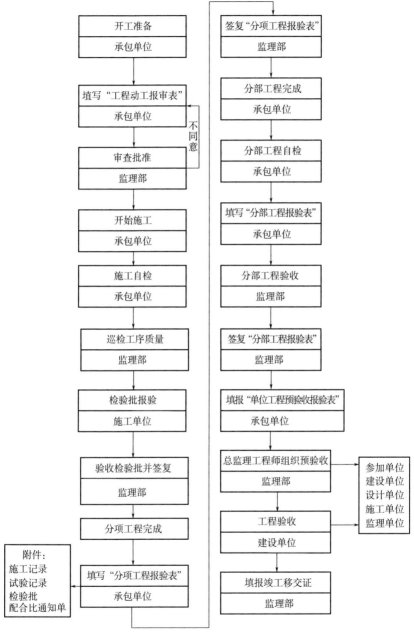

图 7-7　工程质量验收程序

4）建筑已具备各项设计功能。

5）工程竣工图已经完成，工程档案资料齐备，满足相关资料管理规程要求，通过了城建档案部门的验收。

（2）竣工验收的步骤

1）施工单位的工作在满足上述各项条件的基础上，提交工程竣工报告，向监理单位提出工程预验收的申请。

2）监理组织业主、设计、勘察及施工单位举行工程预验收，验收分为档案资料验收和现场验收两部分，发现问题及时进行整改。

3）工程预验收通过后，施工单位和监理单位联合向业主提出正式竣工验收的申请。业主将报请建设委员会质量监督检验部门、上级主管部门、使用单位，并协同设计、勘察、监理和施工单位共同进行正式的竣工验收。验收同样分为档案验收和现场验收两部分。验收合格后，将由业主、设计、勘察、监理和施工单位共同签署竣工验收单。

4）竣工验收通过后，业主向建设委员会主管部门备案。施工单位向业主进行工程移交，并签署工程移交证书和工程保修书，工程进入质量保修阶段。

7.2 工程招标及合同规划

✅ 7.2.1 工程招标

工程招标是业主的主要工作。监理和施工总承包商是业主的主要招标对象，其余还包括专业分包商、材料和设备供应商等。

业主需要组建专业的招标队伍，按照国家的招标管理规定进行各项招标工作。工程招标的程序如图7-8所示。

工程招标须编制招标文件。招标文件分为技术文件和商务文件两部分。技术文件通常包括技术报告、图纸、技术规格书等，一般由设

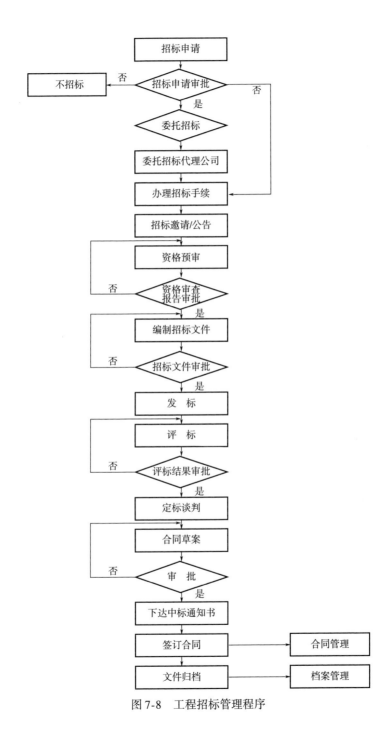

图 7-8　工程招标管理程序

计单位或委托专业的设计顾问编制。招标商务文件通常委托招标代理公司或专业造价顾问编制。

在招标过程中，设计方还需要配合进行招标过程中的技术答疑，并对招标技术文件提出审核意见。

7.2.2 合同规划

施工阶段的招标项目较多，很难一次性将所有的项目都发标出去，须将所有的招标项目进行合理的规划。规划须考虑下列因素：

(1) 设计进度

招标计划须依据设计文件的提交进度来进行。

(2) 项目管理模式

不同的模式决定每个招标项目下的工作内容不同，随之招标的时间也不同。

(3) 工程进度的需要

从加快工程进度的角度来看，可以将先完成的设计内容先发包，形成设计和施工的流水搭接。

(4) 项目划分的技术合理性

不同招标项目之间的工作内容划分应考虑到技术上的合理性及质量责任清晰明确。

考虑到上述因素及当前的市场状况，一个工程项目的合同规划见表7-3。

表7-3所列的合同项目是一般工程通常所具有的项目，但每个工程的具体情况不同，其合同项目的选择可能会大不相同，如表7-3所列的项目可能会几个合并成一个，也可能某个项目的工程量特别大，需要拆分成几个标段，也可能会有新的项目补充进来，一切都要依据项目的具体情况，根据项目的管理模式来斟酌处理。

确定了项目的合同规划之后，要将项目的总体造价分解到每个合同上去，作为每个项目招标的合同造价控制指标，同时要编制每个合同的工程量清单，施工单位依据工程量清单进行投标报价。

表 7-3　施工阶段工程招标合同规划

序号	合同项目	合同项下的工作内容	招标进度计划	合同造价目标	潜在的招标对象资质要求	潜在招标对象的名单	合同之间的界面划分	说明
1	监理	按照监理规程的要求实施施工阶段的工程监理工作	建议要先于施工总承包的招标，以便尽早为业主提供咨询服务	国家有明确的监理收费标准，最终通过招标确定	工程监理企业资质分为综合资质、专业资质和事务所三个序列。综合资质只设甲级。每个资质须满足的工程范围，可详见有关规定	调研后确定	监理作为业主的代表，对工地现场进行全面管理	
2	施工总承包	1) 管理工作内容。工地现场的全面质量、造价、进度，照管及协调工地现场分包或由业主指定分包商或供应商等 2) 施工及安装工作内容。基础工程、钢筋混凝土工程、防水工程、屋面工程、砌筑工程、防雷接地工程、室外工程、粗装修工程等 3) 合同项下的材料和设备采购等	总承包合同一般在扩初设计完成后就可以开始进行招标，设计进度为准确地能够满足进行造价、计算。并编制后续的施工详图。当然也可以在施工图、施工图全部完成以后进行招标。工期、控制目标是整个的控制节点，一定要在充分调研的基础上，结合项目的具体情况，聘请专业的咨询公司来确定	总承包合同之造价控制的项目须聘请专业造价顾问来确定。对于业主单独招标的项目，可以暂列价格的形式列入。合同的总价不能超过概算。施工单位依据工程量清单来报价	施工总承包资质分为特级、一级、二级及三级	调研后确定	是工地现场的全面协调管理者	

（续）

序号	合同项目	合同项下的工作内容	招标进度计划	合同造价目标	潜在的招标对象资质要求	潜在招标对象的名单	合同之间的界面划分	说明
3	基坑工程	土方开挖、基坑支护和降水	这三部分内容提前拿出来发包，是因为其在技术上相对独立，可以较早出图，而且对于高层建筑来说，这三部分的工作量可较大，提前发包以有效节省工期。工期目标可请咨询专业公司来确定	本合同项下的造价估算，要依据土方开挖的规模、基坑的深度、地质情况、支护的技术方案、地下水的水位、周边环境等情况确定。请造价单位原则要依据施工工程量清单进行报价	专业施工资质需求	调研后确定	土方开挖与后续基础工程之间的接口要及时衔接。一是要留置要合理；二是土方开挖的接口标高，留置的土层厚度要保证在打桩施工时不扰动基底土层	后续的工程基础施工一定要及时衔接，因为基坑不能长时间空置，不仅不经济，而且不安全，遇到雨季很容易塌方
4	钢结构工程	钢结构深化设计，钢材的采购，钢结构的加工和安装。这部分工程内容多数情况下包含在总承包的工程范围内，为了控制造价，业主也会将钢结构工程单独发包，再纳入总承包的统一管理	依据工程总体计划来定，由总包来总体协调	由造价公司计算确定	钢结构专业施工资质	调研后确定		

序号	工程名称					
5	机电安装工程	机电管线和机电设备的安装，以及部分或全部机电管线和设备的采购供应。多数项目都将机电安装工程打包放入总承包合同中一起发包。为了控制造价，业主也会将机电安装工程单独发包，再纳入总承包的统一管理，总承包收取管理费	依据工程总体计划来定，由总承包来总体协调	由造价公司计算确定	机电安装专业施工资质	调研后确定	
6	幕墙工程	幕墙的深化设计、材料采购供应、加工及安装。幕墙工程一般由业主单独发包，有利于控制外观效果、造价和质量，然后纳入总承包的统一管理，总承包按比例收取管理费	依据工程总体计划来定，由总承包来总体协调	由造价公司计算确定	幕墙工程专业施工资质	调研后确定	幕墙工程需要在主体结构上预留连接埋件，一般留置在每个楼层的边缘构件上，因此在结构出地面后，就要开始留置埋件，埋件由幕墙分包商提供，留置位置也由幕墙分包商来确定。因此也需要幕墙分包及时招标到位，进行现场配合

271

（续）

序号	合同项目	合同项下的工作内容	招标进度计划	合同造价目标	潜在的招标对象资质要求	潜在招标对象的名单	合同之间的界面划分	说明
7	电梯工程	电梯的深化设计、供应及安装	依据工程总体计划来定，由总承包来总体协调	造价顾问根据市场情况估算	专业资质	调研后确定	电梯埋件需要根据土建施工的进展而埋设	
8	室外照明工程	深化设计、供应及安装。此项工程一般纳入在机电安装工程的范围内，但如果室外照明比较复杂，甚至包括了艺术照明，需要专业的照明顾问设计，其设计也相对滞后，可以由业主单独招标、再纳入总承包管理	依据工程总体计划来定，由总承包来总体协调	造价顾问根据市场情况估算	专业资质	调研后确定		
9	消防工程	火灾报警系统及消防控制系统的深化设计、材料和设备采购、供应及安装	依据工程总体计划来定，由总承包来总体协调	造价顾问根据市场情况估算	消防工程专项施工资质	调研后确定		

序号	名称	说明		造价		备注
10	弱电工程总承包	弱电各系统的建设和系统的集成，包括各系统的深化设计、硬件采购、安装，以及软件的调试等。具体弱电工程包含哪些系统，要依据业主需求及工程具体情况来定	弱电工程的设计和施工在整体工程中都比较滞后，在与精装修施工同步进行。要依据施工总体计划来定，由总承包单位来总体协调	造价顾问根据市场情况估算	调研后确定	在前期的设计和施工中，必须要预留机房和管线通道，包括竖井和线槽，而且弱电线槽须与强电线槽分设
11	大宗材料和大型机电设备采购	对于比较关键的、重要的或利润空间较大的材料和机电设备，如配电设备、UPS、空调机组、冷水机组、冷却塔等，业主往往愿意自行招标采购，设备由厂家来做，机电安装及总承包单位配合，或直接交给机电安装企业来安装	依据工程总体计划来定，由总承包来总体协调	造价顾问根据市场情况估算	调研后确定	大型机电设备的安装需要现场重设备配合，结构上预留通道等，需要及时采购到位，否则会影响现场进度

（续）

序号	合同项目	合同项下的工作内容	招标进度计划	合同造价目标	潜在的招标对象资质要求	潜在招标对象的名单	合同之间的界面划分	说明
12	精装修工程	精装修的深化设计、材料采购和施工	其设计和施工都相对独立，且都在设计和施工的后期，业主可以单独发包，有利于控制造价和质量。具体进度依据工程总包计划来定，由总承包来总体协调	造价顾问根据市场情况估算	专业资质	调研后确定		
13	园林绿化和道路工程	设计、供应及施工，设计和施工也可分开实施	其设计和施工相对独立，且都在设计和施工的后期，业主可以单独发包，有利于控制造价和质量。具体进度依据工程总体计划来定，由总承包来总体协调	造价顾问根据市场情况估算	专业资质	调研后确定		
14	市政工程	市政工程，如电力接入工程，燃气接入工程，网络接入工程等，其设计、供应及施工	市政工程的设计在初步设计阶段也要开始，以便与主体设计衔接，其施工要依据工程总体计划来定，由总承包来总体协调	造价顾问根据市场情况估算	设计和施工都是由相应的市政管理部门来管理的，需聘请具有市政部门认可的具有相应资质的单位进行设计或施工	调研后确定		

7.3 施工阶段的设计配合工作

施工阶段的设计配合工作较多，如设计交底与图纸会审、审核深化设计、审核材料和施工样板、处理设计变更和工程洽商、参与工地会议、参加工程验收等，是目前国内的工程管理体制下，设计方必须参与的内容。另外一些内容，如参与工程的招标投标管理，全过程施工质量、进度和造价的管理，也就是说设计师作为业主的代表，参与工程的项目管理，保证设计效果充分贯彻，则要看业主要赋予设计师多大权利和责任。设计配合工作往往会持续整个施工过程，对保证工程的顺利实施非常重要。下面主要针对设计配合的常规工作内容进行说明。

7.3.1 设计交底与图纸会审

在施工图交付给施工承包商以后，须由业主组织设计交底及图纸会审，一方面由设计方介绍设计内容，另一方面承包商就看图过程中发现的问题请设计方予以澄清。最后形成设计交底或图纸会审记录，经业主、监理、设计和承包商签字后，形成正式的设计文件，指导施工。

7.3.2 审核深化设计、审核材料和施工样板

在施工过程中，存在大量的深化设计、材料和施工样板需要设计方来审核。深化设计须经过设计方的审核批准后，才能够正式进行施工。设计方对深化设计的审核重点有两个：一是设计接口，深化设计与相关专业的技术接口要正确，包括技术参数、位置、受力、管线接驳等；二是深化设计的效果要符合工程设计的总体要求，总体要求既包含美学方面，也包含功能方面。存在深化设计的工程主要有钢结构工程、幕墙工程、弱电工程、精装修工程等。

进入工程现场的所有材料都要通过验收后才能在工程中使用，对此相关工程验收规范对此有明确的程序和要求。但大部分工程材料都不需要设计方的审核，除了那些有美观和装饰功能的材料，如幕墙材料、装饰材料等，还需要材料的样板审核，审核通过的材料样板需要业主、监理、设计方和承包方的共同签字认可后，才能够投入使用。

施工样板也称为工程样板，是检验施工效果的一种手段，在不确定效果的前提下，先施工一面墙、一个房间、一层或其他各方商定的局部区域，形成样板段、样板间或样板层，同样也主要针对幕墙和装饰工程。施工样板要通过业主、监理、设计方和承包方的共同签字认可后，才能够大面积开展施工。

7.3.3 处理设计变更与工程洽商

工程变更是承包商增加收入的主要支柱之一。工程变更的多少与前期设计工作的深度直接相关，设计工作越深入，后期的变更就越少。但任何一项工程都不可能没有变更，产生变更的原因主要有以下四个：

1）来自业主的需求变更。

2）设计图本身的问题，包括图纸深度不足、各专业之间的配合不到位、图纸本身的错误和图纸要求的一些做法无法在现场实施等。

3）一些系统集成商和专业设计顾问的招标滞后，在施工图完成之前尚没有确定，导致许多专业需求在施工图中没有得到反映，一旦这些集成商和专业顾问招标到位后，在深化设计过程中，必然提出新的需求，产生设计变更。

4）来源于现场，为处理现场的施工问题而产生的工程变更，或承包商为解决现场问题而提出的一些合理化建议，这些变更一般由施工单位提出，也称为工程洽商。

处理变更和洽商是设计方的主要责任之一。

设计变更一般都会涉及工程造价的变化。对这些工程变更如何控制是令每一个项目管理者都倍感头疼的问题，而且很多工程变更都比较紧急，有时往往是现场急等这些变更进行施工。在这种情况下，对变更的造价控制更加困难。

在变更不是很紧急的情况下，业主和设计师可以有时间坐下来对变更的内容进行深入探讨，看看是不是必须要改，若修改涉及的造价增加有多少，是不是有更优的修改方案，在经过技术和造价的充分讨论和评估后，再确定是否签发修改通知单。

对于很紧急的设计变更，则必须建立一种快速的处理机制，必要时在现场将相关人员召集到一起，集中进行讨论，快速进行处理。

对于由承包单位提出的工程洽商，可以要求承包商附带一份造价估算，以利于业主和工程师对该工程洽商涉及的费用进行评估，最终决定是否签发该工程洽商。在工程施工之前，就应该建立一种工程变更的处理程序和决策机制。尤其是决策机制的建立，对加快工程变更的处理速度非常关键。同时要建立专业工程师负责制，由专业工程师牵头处理每一份的工程变更，同时要对专业工程师给予相应的授权，在授权范围内由专业工程师自行处理，在授权范围以外的，提交相应的决策机构进行处理。同时对每一份工程变更的处理都应该建立台账，记录工程变更的内容、修改的原因、接受和签发的日期、签发人、涉及的造价变化等内容，同时定期要对工程变更的造价进行汇总，作为下一步造价控制的依据。

工程变更和工程洽商的处理流程如下：

1. 设计变更的处理流程

设计变更一般由建设单位或设计单位来提出。在变更不是很紧急的情况下，可以就变更的技术和经济的可行性充分征求建设单位、设计单位、监理单位和施工单位工程师的意见，并对变更的费用进行估算。费用可以由业主聘请的造价顾问进行估算，也可以请承包单位或监理单位来估算，在综合了各方技术和造价的意见后，建设单位应就是否签发该变更做出最终决策。在变更比较紧急的情况下，上述的程序不变，但参与各方需要一种快速处理的方式和决策机制，如召集专门会议，或召开现场会，尽快做出决策。建议的设计变更的处理流程如图7-9所示。

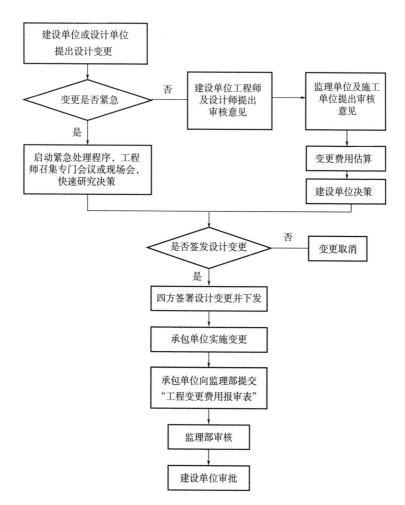

图 7-9　设计变更的处理流程

2. 工程洽商的处理流程

工程洽商一般由施工单位来提出，每份洽商应注明是否有费用发生。若有费用，并需附带变更费用估算表。洽商提出后，需征询设计师、监理工程师和建设单位专业工程师的意见。若洽商不包含费用，则处理起来会简单许多，各方专业工程师认为技术上可行，就可以签发执行。若洽商涉及费用，则建设单位需综合考虑技术及经济的可行性后，做出最终是否实施的决策。

建议的工程洽商处理流程如图 7-10 所示。

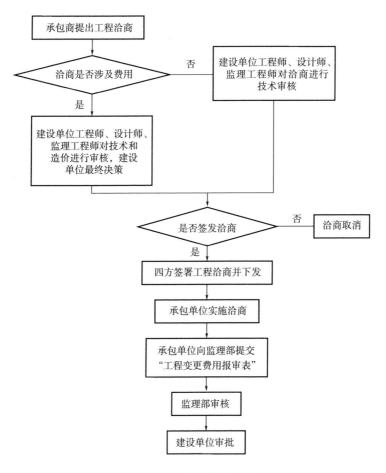

图 7-10　工程洽商的处理流程

本章工作手记

本章讨论了施工阶段的管理程序、工程招标及合同规划，以及施工阶段的设计配合工作，见下表。

项目	内容	
施工阶段的准备工作	取得施工许可证	
施工阶段的管理	施工启动工作	监理和施工单位进场，技术方案准备
		设计交底和图纸会审
		设立平面及高程基准桩
		第一次工地会议
	施工过程中的管理	信息交流管理
		监理工作流程
		质量管理
		进度管理
		合同及造价管理
		工程档案管理
工程验收	过程验收及竣工验收	
工程招标及合同规划	工程招标的程序	
	施工阶段的招标合同规划	
施工阶段的设计配合工作	设计交底与图纸会审	
	审核深化设计，审核材料和施工样板	
	设计变更与工程洽商的处理流程	

附 录

幕墙材料选择相关知识

附录 A　玻璃

设计中常见的建筑玻璃分为很多种，有普通平板玻璃、浮法玻璃、安全玻璃、钢化与半钢化玻璃、夹层玻璃、中空玻璃、镀膜玻璃、贴膜玻璃等，下面分别说明。

A.1　普通平板玻璃

1. 平板玻璃的定义与分类

普通平板玻璃按其制造工艺可分为垂直引上法玻璃和平拉法玻璃两种。垂直引上法生产工艺是将熔融的玻璃液垂直向上拉引制造平板玻璃的工艺过程；平拉法生产工艺是通过水平拉制玻璃液的手段生产平板玻璃的方法。平拉法工艺的原料制备和熔化与垂直引上法工艺相同，只是成形和退火工艺不同，与垂直引上法相比，其优点是玻璃质量好，生产周期短，拉制速度快，生产效率高，但其主要缺点是玻璃表面容易出现麻点。

2. 平板玻璃的特性与应用

平板玻璃主要用于生产厚度在 5mm 以下的薄玻璃，其平整度与厚薄差指标都相对较差。其用途包括用于普通民用建筑的门窗玻璃；经喷砂、雕磨、腐蚀等方法后，可做成屏风、黑板、隔断堵等；质量好的，也可用作某些深加工玻璃产品的原片玻璃（即原材料玻璃）。

A.2　浮法玻璃

1. 浮法玻璃的定义与生产工艺

利用浮法工艺生产出的平板玻璃称为浮法玻璃。浮法工艺过程为熔融的玻璃液从熔窑连续地流入有保护气氛保护的熔融金属锡槽中，由于玻璃液与锡液的密度不同，玻璃液漂浮在锡液的表面上，在重力和液体表面张力的共同作用下，玻璃液在锡液表面上自由展平，从而成为表面平整、厚度均匀的玻璃液带，通过外力拉引作用，向锡槽的后部移动。在移动过程中，经过来自炉顶上方的火焰抛光、拉薄、冷却、硬化后引上过渡辊台。辊子转动把玻璃带送进退火窑，再经过降温、退火、切裁，形成平板玻璃产品。

2. 浮法玻璃的特性与应用

浮法玻璃的厚度均匀性好，纯净透明。经过锡面的光滑作用和火焰抛光作用，玻璃表面平滑整齐，平面度好，具有极好的光学性能。浮法玻璃的装饰特性是透明、明亮、纯净，可应用于普通建筑门、窗，是建筑天然采光的首选材料，应用于一切建筑，在建筑玻璃中用量最大，也是玻璃深加工行业中的重要原片。特别是超白浮法玻璃，其透明和纯净性更是无以复加。所谓超白浮法玻璃，是指含铁量为普通玻璃的 1/10 甚至更低、透光率高的玻璃。

A.3 安全玻璃

1. 安全玻璃的定义与种类

安全玻璃，是指符合现行国家标准的钢化玻璃、夹层玻璃及由钢化玻璃或夹层玻璃组合加工而成的其他玻璃制品，如安全中空玻璃等。单片半钢化玻璃（热增强玻璃）、单片夹丝玻璃不属于安全玻璃。

2. 安全玻璃使用部位要求

根据《建筑安全玻璃管理规定》，建筑物需要以玻璃作为建筑材料的下列部位必须使用安全玻璃：

1）7 层及 7 层以上建筑物外开窗。

2）面积大于 $1.5m^2$ 的窗玻璃或玻璃底边离最终装修面小于 500mm 的落地窗。

3）幕墙（全玻幕除外）。

4）倾斜装配窗、各类天棚（含天窗、采光顶）、吊顶。

5）观光电梯及其外围护。

6）室内隔断、浴室围护和屏风。

7）楼梯、阳台、平台走廊的栏板和中庭内拦板。

8）用于承受行人行走的地面板。

9）水族馆和游泳池的观察窗、观察孔。

10）公共建筑物的出入口、门厅等部位。

11）易遭受撞击、冲击而造成人体伤害的其他部位［见《建筑玻璃应用技术规程》（JGJ 113—2015）和《玻璃幕墙工程技术规范》（JGJ 102—2003）所称的部位］。

✅ A.4　钢化玻璃与半钢化玻璃

1. 钢化玻璃的定义与分类

钢化玻璃是指经过热处理工艺之后的玻璃。其特点是在玻璃表面形成压应力层，机械强度和耐热冲击强度得到提高，并具有特殊碎片状态。钢化玻璃由玻璃原片经均匀加热至接近软化温度，然后立即快速而均匀地冷却而成，最终在玻璃表面形成压应力，从而提高玻璃机械强度和耐热冲击强度。

钢化玻璃根据冷却介质可分为物理钢化和化学钢化；根据生产方法可分为垂直吊挂、水平钢化和气垫钢化；根据品种可分为平面钢化、曲面钢化和区域钢化。平面钢化玻璃主要用于建筑门窗玻璃、隔墙等。曲面钢化玻璃主要用于汽车车窗玻璃。区域钢化玻璃主要用于汽车风挡以及要求有安全性、耐热性的特殊场所。

2. 钢化玻璃的特性与用途

钢化玻璃的特性主要有以下几点：

1）钢化玻璃具有较高的机械强度和耐热冲击强度。钢化玻璃的抗冲击强度是普通迟火玻璃的 3~5 倍；抗弯强度是普通平板玻璃的 2.5 倍。

2）钢化玻璃具有良好的热稳定性。钢化玻璃能经受的温度突变范围为 250~320℃，普通平板玻璃仅为 70~100℃。

3）安全性。钢化玻璃具有高强度，受到外力撞击时，破碎的可能性降低；同时钢化玻璃具有良好的碎片颗粒状态，极大减少玻璃碎片对人体产生的伤害。

4）钢化玻璃一旦制成，不能再进行任何冷加工处理。

5）钢化玻璃具有"自爆"特性。

由于钢化玻璃具有较高的机械强度和破碎后的安全性，在建筑业常应用于建筑物的幕墙、门、窗、自动扶梯栏板等。但是钢化玻璃不宜单独在天棚、天窗结构中使用，一旦玻璃破裂产生的"玻璃雨"可能会对下面的人群造成伤害，在这种情况下一般是做成夹层玻璃使用。此外，钢化玻璃在生产过程会产生变形，影响光学性能，这在追求映像效果的幕墙方面应用时受到了限制。

3. 半钢化玻璃的特性与应用

按照玻璃的钢化程度划分，钢化玻璃可分为钢化玻璃、半钢化玻璃和区域钢化玻璃。其中，半钢化玻璃是介于普通平板玻璃和钢化玻璃之间的玻璃品种，表面应力在 $24 \sim 69\mathrm{MPa}$。它兼有钢化玻璃的部分优点，如强度高于普通玻璃，同时又回避了钢化玻璃平整度差、易自爆、一旦破坏即整体粉碎等缺点。半钢化玻璃破坏时，沿裂纹源呈放射状径向开裂，一般无切向裂纹扩展，所以破坏后仍能保持整体不塌落。半钢化玻璃在建筑中适用于幕墙和外窗，可以制成钢化镀膜玻璃，其影像畸变优于钢化玻璃。但要注意，半钢化玻璃不属于安全玻璃范围，因其一旦碎落，仍有尖锐的碎片可能伤人，不能用于天窗和有可能发生人体撞击的场合。半钢化玻璃的表面压应力在 $24 \sim 52\mathrm{MPa}$，钢化玻璃表面压应力大于 $69\mathrm{MPa}$。半钢化玻璃的生产过程与钢化玻璃相同，仅在淬冷工位的风压有所区别，冷却能小于钢化玻璃。

A.5 夹层玻璃

1. 夹层玻璃的定义与分类

夹层玻璃是指由两片或多片玻璃之间通过一层或多层有机聚合物中间膜，例如 PVB、EVA、SGP 等，在高压釜等设备经高压和高温处理后，使玻璃和中间膜永久粘结为一体的复合玻璃产品。

夹层玻璃的分类主要有以下几种：

1）根据形状不同分类，有平面夹层玻璃和曲面夹层玻璃。

2）根据用途不同分类，有建筑用夹层玻璃和交通工具用夹层玻璃。

3）根据选用中间膜不同分类，有普通无色透明夹层玻璃、彩色装饰夹层玻璃和功能夹层玻璃。

4）根据选用玻璃种类不同分类，有浮法夹层玻璃、钢化夹层玻璃、热增强夹层玻璃、镀膜夹层玻璃、彩釉夹层玻璃等。

2. 夹层玻璃的特性与应用

夹层玻璃的特性有以下几个：

（1）高度的安全性

当遭受外力冲击玻璃破坏后，只有裂痕产生，不会有碎片散落，不对人和物造成破坏。

（2）良好的隔声性

夹层玻璃中间膜具备吸声功能，正好弥补玻璃反射声音的最薄弱频率，使整个夹层玻璃隔声性能明显改善。

（3）防紫外线功能

中间膜材料都添有紫外线吸收剂，可使夹层玻璃几乎阻断紫外线通过，防止室内装饰品及家具的褪色老化。

（4）防范性

破坏夹层玻璃比破坏普通单片玻璃更加困难、耗时更多，在抵御强行破窗犯罪方面有非常好的防范作用。

（5）防弹防爆性

不同品种、厚度的中间膜和玻璃的组合，可制成不同等级的防弹玻璃和不同等级的防爆玻璃。

（6）装饰性

选择各种颜色的中间膜或与不同装饰材料复合，形成装饰夹层玻璃。

夹层玻璃具有良好的抗冲击强度和使用安全性，因此适用于各类建筑，具体如下：建筑法规要求使用安全玻璃的场所，如玻璃幕墙、采光顶、地板和楼梯及其扶手；车站、机场等对隔声有特殊要求的场所；银行、博物馆和展示厅等需要高防范等级场所；汽车、船舶、飞机等交通工具的挡风玻璃；建筑内装饰及家具玻璃；其他特殊场合。

A.6 中空玻璃

1. 中空玻璃的定义与应用

中空玻璃是指两片或多片玻璃以有效支撑均匀隔开并周边粘结密封，使玻璃层间形成有干燥气体空间的玻璃制品。

由于中空玻璃具有隔热、隔声、防结露、抗冷辐射、施工方便等优点，国内外已广泛应用于工业与民用建筑的门、窗、幕墙、围墙、天窗及透光屋面等部位，也用于火车、汽车、轮船的门窗等处。

2. 中空玻璃的特性

(1) 隔热

中空玻璃最优良的性能即保温、隔热性能。建筑物使用单层窗时，夏季照射的阳光会产生温室效应，即照射到玻璃上的太阳光除一部分反射掉外，剩余部分射进室内使温度升高。在冬天，由于玻璃的热导率大，单层窗则起到散热的作用，中空玻璃能减少传导传热又能减少对流传热和辐射传热。

(2) 隔声

中空玻璃具有极好的隔声性能，其隔声效果通常与噪声的种类和声强有关，一般可使噪声下降 30~44dB，对交通噪声可降低 31~38dB，即可以将街道汽车噪声降低到学校教室要求的安静程度。

(3) 节能

(4) 防结露

中空玻璃比普通单层玻璃的热阻大，可降低结露的温度，而且中空玻璃内部密封，空间的水分被干燥剂吸收，也不会在空气层内出现结露。

A.7 镀膜玻璃

1. 镀膜玻璃的定义与分类

镀膜玻璃俗称热反射玻璃，包括阳光控制镀膜玻璃和低辐射镀膜玻璃（Low-E）两个品种。镀膜形成的原理是在原片玻璃表面镀上金属或者金属氧化物/氮化物膜，使玻璃的遮蔽系数降低，又称低辐射玻璃、Low-E玻璃，是一种对波长范围4.5～25μm的远红外线有较高反射比的玻璃。低辐射镀膜玻璃还可以复合阳光控制功能，成为阳光控制低辐射玻璃。

镀膜玻璃主要有两个系列的品种：一种是在线镀膜玻璃，也称气相蒸发镀膜玻璃；一种是离线镀膜玻璃，也称磁控溅射镀膜玻璃。

2. 镀膜玻璃的特性

在线气相蒸发镀膜玻璃的特点是持久的损伤阻抗，无制作程序限制；可以钢化、切割、热弯处理及其他二次加工；没有去边和密封相容性的问题。离线镀膜玻璃的特点是产品性能及使用范围广泛；溅射程序要求员工具有较好的操作习惯；二次加工过程中需要删除边部；合成中空玻璃时采用的密封剂必须与膜层相容；可以采用已经钢化的玻璃加工制成钢化镀膜玻璃，多数不能直接用于钢化；多数不能异地加工，而必须在镀膜玻璃生产完成后尽快加工合成中空玻璃使用。

A.8 贴膜玻璃

1. 贴膜玻璃的定义

在玻璃表面粘附一层有机高分子薄膜材料的玻璃称为贴膜玻璃。

2. 贴膜玻璃的特性

1）膜层可以增加玻璃的色彩，调整反射率，防止碎片飞溅，保持玻璃的整体性，提高玻璃的安全性。

2）贴膜玻璃具有视线单向透明性，保证建筑内人员的视野，阻断建筑外人看向建筑内的视线，现在建筑上应用得很普遍。

3）阳光控制玻璃贴膜可阻止太阳光中热能通过，节省室内制冷费用，比透明玻璃节能。

由于玻璃是建筑幕墙中主要的装饰材料，所以介绍的内容比较多。了解了上述关于建筑玻璃的知识，就可以根据功能需要来进行选择。

附录 B 石材

　　天然石材主要分为火山岩、沉积岩和变质岩三种。在形成的早期，地球是一个炽热的岩浆球，不断发生着喷发。后来慢慢冷却以后，形成火山岩，可以说，地球上最早的岩石都是火山岩。地表的岩石经风化腐蚀后破碎，逐渐沉积下来，形成沉积岩，沉积岩的性能是比较差的。沉积岩和火山岩在地球的后期活动中，又经历了高温和高压的作用，形成了变质岩。沉积岩变质后性能提升，而火山岩性能反而下降。所以，上述三种石材的性能排序由高到低是火山岩、变质岩和沉积岩。建筑装饰中常用的石材是花岗岩、大理石。花岗岩是典型的火山岩，而大理石则是典型的变质岩。

　　表征石材性能的指标有抗压强度、抗折强度、抗弯强度、硬度、耐磨性、抗冻性、耐火性、可加工性等，必须满足相关规范和设计要求。用于幕墙的石板，每批都应进行抗弯强度试验。对用于可能出现负温度的地区，还需做冻融试验。只有当各项性能指标都满足设计和规范要求后方可使用。

　　幕墙采用的石材一般都采用干挂的方式，相比于粘贴的方式，干挂更为可靠，不易产生坠落。石材幕墙面板所承受的荷载，是通过石材与挂件之间的胶传递到挂件，再由挂件传递到支撑结构，因此石材幕墙干挂胶必须是结构胶，同时干挂胶既要与石材有良好的粘结性，又要与挂件（挂件的材料可以是不锈钢或铝合金）有良好的粘结性，胶层本身还要有适合的强度、良好的韧性和弹性。这一点在《金属与石材幕墙工程技术规范》（JGJ 133—2001）中有如下规定：石板与不锈钢挂件间应采用环氧树脂型石材专用结构胶粘结。同时，单块石材面积不应过大，《金属与石材幕墙工程技术规范》（JGJ 133—2001）规定不能超过 1.5m^2。支撑结构的干挂件及埋件也要认真设计，安全可靠。

　　石材不能用于吊顶，因其易产生坠落，虽然现在有一种称为蜂窝铝板复合石材解决了锚固问题，但由于石材和铝板的热膨胀系数差别较大，仍然容易开裂，甚至掉落。

附录 C 金属板

金属板最常用的是铝合金板、型材板，其有许多优点，如重量轻，强度大，不生锈，易于加工，应用非常广泛。其中，铝合金板有铝单板、铝塑复合板、蜂窝铝板等多种形式。而且，铝合金板表面可以采用氟碳喷涂的处理方式，处理成各种颜色，各种图案，各种质感的效果，甚至是石材的质感和效果，使其更具优势。

其他的金属板还有钢板、不锈钢板、锌板、钛合金板等，其性能和造价各不相同，可根据工程需要采用。

附录 D 保温材料

幕墙采用外保温技术，其使用的保温材料通常包括岩棉、玻璃棉、膨胀聚苯板（EPS）、挤塑聚苯板（XPS），其他还有胶粉聚苯颗粒保温浆料、聚氨酯发泡材料、珍珠岩浆料等。但后三种由于技术或造价原因，在幕墙中使用很少，常用的是前面四种材料。

岩棉和玻璃棉的保温效果较差，岩棉的导热系数为 0.041 ~ 0.045W/(m·k)，岩棉吸水后容易塌陷，失去保温性能，但两者的造价低，且均为无机材料，防火性能好，并具有一定的隔声性能，且两者均为软质材料，施工方便。

膨胀聚苯板（EPS）和挤塑聚苯板（XPS）均为有机材料，其防火性能不如岩棉和玻璃棉，但保温性能很好，膨胀聚苯板（EPS）的导热系数是 0.037 ~ 0.041W/(m·k)，挤塑聚苯板（XPS）的导热系数是 0.028 ~ 0.03W/(m·k)，保温效果好，两者均有一定的强度，挤塑聚苯板（XPS）强度要高一些。此外，两者均耐潮湿，但耐老化性能不如岩棉和玻璃棉。挤塑聚苯板（XPS）的价格要稍高一些。

　　由于膨胀聚苯板（EPS）和挤塑聚苯板（XPS）存在较大的火灾隐患，高层建筑的保温已逐渐弃用，主要采用岩棉和玻璃棉，或者采用岩棉和玻璃棉与其他耐火材料如钢板、铝板复合而成的保温板材。

附录 E　防水材料

　　幕墙采用的防水材料主要包括防水涂料、防水卷材（改性沥青卷材和三元乙丙卷材）、密封胶条和密封胶，此处不再赘述。

参 考 文 献

［1］赫什伯格.建筑策划与前期管理［M］.汪芳,李天骄,译.北京:中国建筑工业出版社,2005.

［2］张月娴,田以堂.建设项目业主管理手册［M］.北京:中国水利水电出版社,2002.

［3］徐乐中,郭永福,李翠梅,等.建筑设备工程设计与安装［M］.北京:化学工业出版社,2008.

［4］任绳风,吕建,李岩.建筑设备工程［M］.天津:天津大学出版社,2008.

［5］王盛卫.智能建筑与楼宇自动化［M］.王盛卫,徐正元,译.北京:中国建筑工业出版社,2010.

［6］英国皇家特许建造师学会.工程估价规程［M］.张水波,薄海,任玮玮,等译.北京:中国建筑工业出版社,2005.

［7］何伯森.国际工程合同与合同管理［M］.北京:中国建筑工业出版社,2010.

［8］孙景芝,韩永学.电气消防［M］.北京:中国建筑工业出版社,2016.